內向者的時代來了！

宅創業

YUKARI INOUE
井上ゆかり 著 莊雅琇 譯

不必依附公司，宅在家也有出頭天！

もう内向型は組織で働かなくてもいい
「考えすぎるあなた」を直さず活かす5ステップ

前言

「我與上司及同事之間的人際關係不順利。」
「我不擅長跟人閒聊還有開會。」
「我做任何事情都很花時間，跟不上別人的進度。」
「別人講電話和交談的聲音容易讓我分心，沒辦法專注在工作上。」

你目前是不是有這些煩惱呢？

總是往壞的一面想，結果太小心翼翼。
覺得自己反應太慢，什麼事情都做不好，懷疑自己是不是有毛病……。
也許有人因此惶惶不安，忍不住上網查資料。

不過，這些並不是什麼嚴重的毛病，**你或許只是一位內向人**。就像我一樣。

大家好，我是內向人諮詢師井上ゆかり（yu-ka-ri）。

我以前也因爲自己是一位內向人而煩惱不已。一開始列出的幾項，就是我曾有過的煩惱。

如今我的座右銘是「**活用內向人特質，不需刻意改變**」，專爲不希望自己依附公司組織而工作的內向人，提供諮詢及商務顧問服務。値得慶幸的是，目前個人諮詢及社群網路上的諮商實績已達到一年三百件以上。於此同時，我也主持內向人社群，與參加者一起思考生涯規劃及優勢，彼此分享適用於工作的資訊。而我用來發表相關資訊的Instagram，追蹤者人數也一舉超越一萬三千人（截至二〇二〇年三月）。

我曾在公司上班，如今已是辭職自立門戶的第五年。我和同屬內向人的丈夫，同心協力經營公司。我倆除了經營網路商店以外，我還擔任內向人諮詢師，我丈夫則是從事影片剪輯方面的工作。我們也一圓夢想，離開生長的東京，移居生活步調閒適的福岡，從此擺脫擠電車的通勤地獄。平時除了自行安排時間與想見的人溝通交流之外，基本上都在家裡獨自工作。

如今可以由衷地說：「幸好當初有離開公司。」

我大學畢業後便成了社會新鮮人，期間因爲適應障礙症而停職又兩度換工作，從此決定「不在公司組織裡工作」。

我在二十八歲時，開始質疑爲什麼一定要在公司組織工作，從那時候起，我不時想像自己三十歲的模樣。對女性來說，三十歲也可說是人生的轉捩點；身邊有愈來愈多人面臨結婚、生產、換工作等轉機，我也在三十歲時開始省思自己。

當時的我，克服了適應障礙症，在金融相關的公司裡從事業務工作。三年過後，不僅工作上逐漸得心應手，我也過了兩年婚姻生活。照一般說法，這段時期可說是「事業與私生活同樣順遂，日子過得平淡安穩」。

然而，實際的我——待在電話鈴聲此起彼落的環境裡，除了忙著文書工作，還得支援業務同仁——每當有人來找我說話或因爲接聽電話而打斷工作，都會影響我的注意力，讓我感到莫大壓力。**那時候便心想，「如果能一個人安安靜靜地工作就好了」**。

至於我的人際關係，值得慶幸的是大致上還不錯，身邊有我尊敬的前輩，也有處得來的同事。可是，當前輩與同事之間若是出現糾紛，置身如此人際關係裡的我，便常常因爲顧及雙方的心情而把自己搞得筋疲力盡。我很不想要惹人厭，我自認爲性格上有八面玲瓏的一面，對於別人拜託的工作來者不拒。除此之外，我也覺得「自己做比較快」，所以不擅長把工作委託別人或者下指令。

有些情況在別人眼裡根本不當一回事，我卻瞎操心，把自己逼得喘不過氣來。

對於未來已有明確的職涯規劃也就罷了，但是我當時的工作不僅升遷無望，薪水也沒有調漲的空間。

「將來要是有了孩子，休了產假和育嬰假後，我要繼續頂著壓力回公司復職嗎……。」

「繼續做現在這份工作的話，我會變得怎樣呢……？」

這樣的念頭，愈想愈感到茫然不安與焦躁。

雖說想東想西只是徒增煩惱，對於未來無濟於事。但是想到我沒有其他想做的事，又覺得重新適應新職場很累人，就沒有動力換工作了。

當年的我，一心只想著「找點別的事情抒解壓力」，完全沒考慮「不在公司組織工作」的選項。

我曾上網搜尋「粉領族 興趣（ＯＬ趣味）」，因此想要去烹飪教室學烹飪；也想著「將來或許用得到」，而去上理財規劃顧問的課程。以合格爲目標的學習過程確實有趣，但是考試結束後，一切又回到原點。我就這樣過了半年，對於未來的茫然不安依然存在。

按時下班後，因爲還很空閒，我不是跟公司的前輩去酒聚，就是窩在家裡看電視。丈夫看了我這個樣子，建議我：

「你要不要試著做副業啊？」

我丈夫是一名上班族，從以前就很希望自立門戶，因此嘗試了各式各樣自認爲可行的副業。在這些副業中，他覺得「這個應該適合你的個性」，於是推薦我嘗試在網路販售國外進口的服飾。

因爲我完全沒做過副業，也沒有相關知識，不禁懷疑記性差又愛瞎操心的我到底能不能辦得到。不過，轉念又想：「既然有信得過的家人支持我，做不成也沒關係，反正先試試看吧。」於是下定決心試試看。

我至今依然感謝丈夫的建議。剛開始雖然什麼都不懂，遭遇的挫折也多不勝數。

儘管如此，有機會嘗試與正職截然不同的工作體驗，對我來說既新奇又刺激。不僅如此，能夠待在沒有任何人打擾的舒適自家裡，一個人對著電腦工作，感覺眞的很愜意。

與顧客及供應商的溝通交流，只需透過電子郵件。我始終認爲自己「不擅長電話應對，但是工作上不得不接聽電話」，因此，世上竟然有「不必與人交談的工作」，完全顚覆了我的認知。

我以前認爲在公司組織裡工作是理所當然，從未想過其他選擇。但自從我因爲丈夫的一句話嘗試副業，於是有了新的想法：**「除了公司組織以外，應該還有適合自己的工作模式吧？」**

當我透過副業慢慢賺取一點收入，確實切身感受到除了領取公司匯入的薪水以外，仍有其他辦法增加收入。

在此之前，我一直認爲「想太多的個性會很吃虧」，但仔細想想，在不斷嘗試錯誤的過程中展現成果，也讓我慢慢往好的一面想：「想太多也不是壞事。」

我也產生了「想了解更多」的欲望，爲了徹底學好網路行銷的相關知識，我也參加了商務研習課程。我在那裡常有機會聽人分享經由副業轉爲自由工作者的體驗談，切身感受到自己的視野逐漸寬廣。

再也沒有紛擾的人際關係，能待在得以集中心神的地方，按照自己的步調投入工作。

不知不覺間，「不在公司組織裡工作」，成爲我夢想中的工作模式。

「如果副業賺取的收入與正職薪水一樣，我就辭職離開公司。」

我也定下具體的目標。處理好身為粉領族的工作、副業、家事之餘，我也貪婪地學習網路行銷，實踐學習來的知識，從事副業五個月後，我終於達到「收入超過正職」的目標！就在二〇一五年夏天，我辭職離開了公司。

我丈夫後來也離開服務的公司。二〇一六年二月，我們兩人成立了自己的公司。

丈夫選擇「不在公司組織裡工作」有兩大原因。

第一個原因是他剛畢業就進公司打拚，身體因繁重工作而不堪負荷，頓時感到危機，認為「依附公司組織會很慘」。另一個原因是他後來跳槽的職場環境要求積極拓展人際關係。

如我一開始所提到的，丈夫與我都是內向人。處在鼓勵公司同仁打成一片、經常包下俱樂部或店家舉辦公司內部活動的職場環境，對他來說是一種折磨。

人。

因此，如今遠離公司組織的生活模式，非常適合我們兩位志同道合的內向不少公司都想招攬高效率、外向活潑又有表現欲的外向型人才，想必有許多在公司組織裡工作的內向人因此感到痛苦吧。

儘管如此，也不需要勉強自己得硬著頭皮學習「活潑一點」。我反倒覺得，這時候應該做的是思考如何盡全力實現**「將內向人特質轉為優勢的工作模式」**。

本書的主題是「內向人不在公司組織裡工作的工作模式」，我想藉此**與讀者一起探討活出內向人本色的工作模式**。

第1章談的是內向人的特質。

第2章探討內向人難以在公司組織裡工作的原因。

第3章是以上述原因爲出發點，探討如何建立適合自己的職涯規劃。

第4章是探討內向人的優勢，思考活用內向人特質的工作模式。

第5章是與讀者分享實現「不在公司組織裡工作的工作模式」的五大必要步驟。

第6章是與讀者分享祕訣，如何活用內向人優勢及自我本色創造「獨特服務與商品」，以及奠立堅實的商務基礎。

最後第7章，則是爲踏出「第一步」的人們加油打氣。並爲各位介紹內向人面對常見煩惱的應對方式，盼能藉此讓各位有信心逐步向前。

本書還爲讀者規劃了「事前準備」的重點單元。請結合各項提問與課題，往前步入下一階段。可將答案直接寫在本書上，或是抄寫在喜歡的筆記本上。本書是爲了讓讀者自我省思，充分釐清自身的需求後再來尋找理想的工作模式，請務必花時間循序漸進。

本書若能成爲讀者實現理想工作模式的契機，將是我的莫大榮幸。

井上ゆかり

Contents

第 5 章

找到活用內向人特質工作的五大步驟

第6章 創造及拓展自己的服務與商品

第7章 內向人，準備好就開始踏出去吧！

內向人診斷測驗

請先自行診斷自己的內向程度。

表格中的二十八個項目裡，如有符合的項目，請在確認方框裡打「○」。除了計算打「○」的項目有幾個之外，也請計算該項目旁標註的A～D字母各有幾個。

確認欄	項目	字母
□	看到行事曆寫得滿滿的就很沮喪。	D
□	別人常說自己「老是在發呆」。	A
□	跟人講話時，會忍不住神遊太虛，陷入自己的世界。	A
□	不跟外界接觸的日子即使拉長也不以為苦。	B
□	不管跟人見面時有多開心，結束後仍然想獨處一會兒。	B
□	不太表露自己的喜怒哀樂。	A
□	比起團隊合作，更喜歡獨自作業。	B
□	不擅長在跨業交流會或聯誼會等場合上與陌生人交流。	D
□	在陌生的場所或新環境裡總是覺得緊張。	D
□	待在人群紛擾或有雜音的場所會很難專注工作。	D

- □ 別人常對自己說「不知道你在想什麼」。 A
- □ 不喜歡咖啡因。 D
- □ 因為朋友少而感到自卑。 A
- □ 看電影時，比起跟人一起觀賞分享心得，更喜歡一個人享受餘韻。 C
- □ 比起閒聊瞎扯，更喜歡跟人談論彼此的價值觀等深刻話題。 A
- □ 喜歡寫日記。 B
- □ 不喜歡談自己的事。 C
- □ 說話前常需要先在腦袋裡想好措辭。 C
- □ 因為話不多，平時以聆聽居多。 C
- □ 冒險精神不夠旺盛，屬於小心謹慎型。 D
- □ 比起和一群人待在一起，更喜歡與二至三人說話。 C
- □ 需要花時間才能理解並整理別人的說話內容。 C
- □ 有人突然問話時，會因為沒辦法立即回答而焦躁。 C
- □ 比起說話，透過電子郵件更容易表達自己的想法。 A
- □ 旅行結束後會覺得筋疲力盡，也很容易病倒。 D
- □ 藝人明星若是說「我假日都賴在家裡」，自己就會覺得很有親切感。 B
- □ 小時候，老師或家長曾對自己說「去跟大家一起玩」。 B
- □ 很喜歡一個人待在家裡。 B

內向人診斷測驗解說

做完診斷測驗的感覺如何呢？

是不是對許多項目深有同感？

確認方框裡打「○」的項目愈多，代表內向人的傾向愈強烈。

打○的數量＿＿個

打○的數量

21至28個——內向人

15至20個——稍有內向人的傾向

10至14個——雙向人（內向程度與外向程度相等）

5至9個——稍有外向人的傾向

0至4個——外向人

此外，每一項都有相對應的英文字母，打○的項目中若是某個字母的數量較多，代表某種傾向愈強烈。

打○的數量

A □
B □
C □
D □

A較多的人　喜歡想東想西。

B較多的人　一個人獨處更有活力。

C較多的人　會花時間處理各種資訊。

D較多的人　對刺激很敏感，喜歡照自己的方式做。

※詳請請參照第4章（九十五頁）的解說

第 1 章

內向人是什麼樣的性格？

內向人是什麼樣的人？

聽到「內向人」一詞，你會浮現什麼印象呢？

根據字典的說法，內向人指的是「心理能量流向內在主體，對於外在人物及事物的態度顯得消極，個性上具有裹足不前的孤獨傾向。」（大英百科全書日語版《ブリタニカ国際大百科事典 小項目事典》）讀心師DaiGo在其著作《掌控壓力的心理強化術》（ストレスを操るメンタル強化術，KADOKAWA）中也提到：「內向的人對於外在的刺激十分敏感，更容易鑽牛角尖。」

換句話說，**內向人的特徵是容易對自己的內在（感覺與情緒、想法等等）感興趣，外向人的特徵是容易對自己外在所發生的事情及其他人感興趣。**

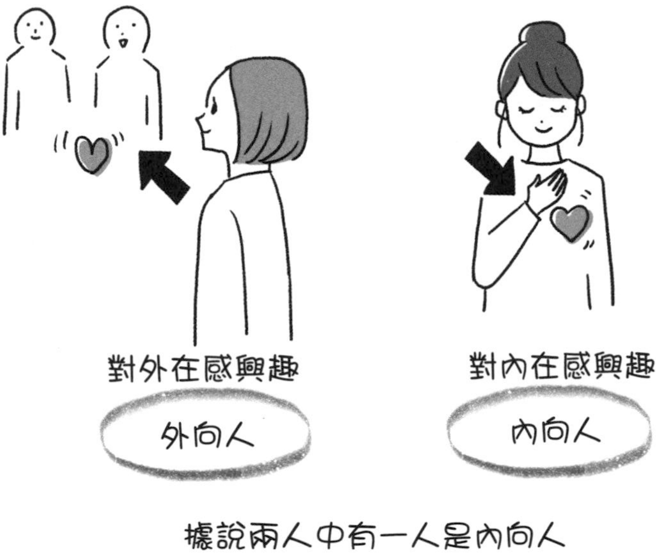

率先提出「內向」概念的是心理學家卡爾．古斯塔夫．榮格（Carl Gustave Jung）。他在一九二一年出版的《榮格論心理類型》（Psychologische Typen，商周出版）一書中，首次以「內向」及「外向」這兩個詞語描述性格的分類。這項性格診斷在當時並沒有科學依據，但隨著大腦科學等領域的研究有所進展，如今已了解內向及外向的區別在於大腦及基因的不同。

雖說如此，我們仍是無法非黑即白地判定一個人是內向還是外向。一般來說，每個人都同時擁有內向及外向的一面，兩者比例會隨著年齡、環境、體驗等後天因素而改變。因此，目前的說法是**先天特質與後天因素各佔一半的比例**。

關於內向人的比例眾說紛紜，心理學家羅里・赫爾戈（Laurie Helgoe）所著的《內向的力量：內心世界就是你潛藏的力量》（Introvert Power: Why Your Inner Life Is Your Hidden Strength）一書中提到，「**約有五〇%的人是內向人**」。我曾認爲身邊沒有像自己這樣的人，以爲內向人極其少數，因此，這句話讓我非常驚訝。我不禁有所省思。

我們所處的社會教育人們以「外向」爲佳（後面會詳細解釋這句話），並且試圖隱藏及矯正自己的內向人特質。或許因爲如此，我那時候才找不到跟自己同樣的人。

就像這世上有男性及女性，**內向人與外向人也不應該有優劣之分，兩者區別僅在於「不同」而已**。更何況，人類有多達半數是內向人，其中大多是與生俱來的特質。

了解這項特質後，是不是安心許多呢？

內向人與外向人的四個不同點

我認爲內向人與外向人有四個不同點。

①接受刺激的容量

- 內向人：小→少量刺激便足夠。
- 外向人：大→希望接受更多刺激。

內向人對刺激的感受比外向人更敏感。外向人不會滿足於少量刺激，而是滿心期待更多刺激，但是內向人往往滿足於少量刺激。

走出家門、與人見面、展開新的事物，這些對內向人來說全都是刺激。「就算當下過得很愉快也很充實，結束後還是免不了突如其來的疲憊。」這一點也是內向人的特徵。與活潑的外向人相比，是不是會感到煩惱，覺得自己「沒體力」、「爲什麼就是沒辦法好好安排時間、什麼都做不來呢？」問題或許不在於沒有體力或不得要領，純粹是接受刺激的容量較小罷了。

②恢復精力的方式

- 內向人：放鬆與休息。
- 外向人：積極地過活。

疲憊或放假的時候，你通常是怎麼過的呢？內向人與外向人的方式有明顯差異。

外向人會積極外出，跟別人一起熱熱鬧鬧地度過，便能恢復精力。內向人往往喜歡待在家裡看書或看電影，一個人靜靜度過。因此，想要充電恢復精力，外向人需要的是行動與刺激，**內向人需要的是放鬆與休息**。

雖說喜歡一個人獨處的外向人應該也不少，但是對內向人而言，確實需要一個人獨處的時間。兩者的重要性截然不同。對內向人來說，這段獨處時間是用來讓接受刺激而疲憊的身心獲得撫慰並且重新恢復精力的重要時間。覺得「想要轉換心情」時，不必勉強自己做與平常不一樣的事情，不妨爲自己留一段獨處的時間輕輕鬆鬆度過。

③喜歡的事

- 內向人：喜歡慢慢思考，喜歡發呆。
- 外向人：主動找事情做。

一如前面所提到的恢復精力的方式，外向人會主動找事情做，內向人則是覺得想事情或發呆更有意思。

一般人常認爲內向人不是會主動開啓話匣子的人，覺得他們是「性子沉靜且難以捉摸」，但內向人通常是**深刻自省，深思熟慮且能發揮出色洞察力**的人。我在諮商過程中與內向人談話時，即使對方說自己「不擅言辭」，其中也有不少人有堅定的信念，且能清楚表達自己的想法。

說句題外話，印象中有許多內向人喜歡談論哲學或人生觀，這類沒有明確答案的抽象話題。

④處理資訊的速度

- 內向人：比較慢。
- 外向人：比較快。

內向人通常會比外向人花較多時間處理資訊。

有的外向人也會邊說話邊整理思緒，但內向人通常會先在腦袋裡深思彙整後再開口。因此，有時候聽到別人問話會無法立即回答；跟別人說話時，也必須先在腦袋裡把談話內容重新整理一遍。

因爲這個緣故，內向人在腦袋裡處理資訊的過程會比外向人更長。

根據我的諮商經驗所得到的印象，①到④的不同點之中，不少內向人都對「④處理資訊的速度」感到自卑。其中也有人因此惶惶不安，認爲自己「腦子很笨」或「腦袋是不是有毛病」。

由此可知，這只不過是大腦與基因的特質，請不要擔心。

內向人小知識

有一種個性容易與內向人混淆，也就是「高敏感族（HSP，Highly Sensitive Person：感官能力敏銳的人）」。與內向人相似的部分有「對刺激十分敏感」，據說約有七〇%的高敏感族是內向人。

一般人對內向人的誤解

由於內向人通常會深思熟慮再採取行動，不知是否這個緣故，許多人皆認為「內向人比較靦腆害羞，不擅長與人交際」。不少內向人也因為人際關係的困擾而來找我諮商。不過，內向人真的具有這項特質嗎？以下是我的想法。

①未必靦腆害羞

根據字典，「靦腆（日語為「內気」）」的解釋為「性格軟弱，不夠爽快的模樣」（出自小學館《大辭泉》）。由於內向人習慣在腦袋整理好資訊後再開口，看在別人眼裡，或許便因此覺得內向人沉默寡言又軟弱，並且猶豫不決。

不過，**「沉默寡言」未必等於「個性軟弱」**吧？我至今接觸過的內向人之中，有不少人能夠明確表達自己的意見及信念，往好的來說便是擇善固執。

內向人有各種類型

②未必怕生

內向人十分重視獨處的時間，所以跟外向人比起來，不會特別想與別人在一起。此外，對於某些內向人而言，與人來往也是一種刺激，尤其是與陌生人說話反而更讓人緊張不自在，需要花時間慢慢習慣。

因此，**「內向都很怕生」只不過是偏見**。也有的內向人認爲，「我喜歡社交，也喜歡跟別人說話，所以從事服務業。因爲這個緣故，我跟人家說自己是『內向人』都沒人相信。」

③溝通能力未必不佳

不擅言辭、說話冷場、談吐不夠條理分明。不少內向人都有這種煩惱。我們內向人確實要花一些時間處理資訊，腦袋裡總是想東想西，表達能力也許比外向人差一些。

話雖如此，我並不覺得內向人的溝通能力很差。

根據字典所示，溝通的意思是「參與社交生活的人們互相傳遞意思、感情與想法。」（出自小學館《大辭泉》）與人會話就像傳接球，必須各有傳球與接球的人才能成立。

換句話說，溝通能力優劣與否不是取決於言詞豐富或表達能力。像機關槍一樣說個不停而令人生厭的人，溝通能力不能算是出色吧？

內向人會眼神犀利地觀察對方，認真傾聽並理解對方所說的話，深思熟慮後再發言。倒不如說，**有不少人認為「內向人的溝通能力比較好」**。

以上便是我對內向人在靦腆害羞、怕生、溝通能力等方面的見解。請讀者根據上述內容，重新複習第二十九頁的「內向人與外向人的四個不同點」。

各位是不是注意到，**「內向人本身的特質，不會直接影響人際關係」**呢？內向人之中，的確有人靦腆害羞、怕生、不擅溝通。但這些不過是內向人的特質所衍生的「一種傾向」（不知是否「內向」這兩個字的緣故，每當聽到有人以負面的語氣說這句詞語，身為內向人的我，感覺都很不是滋味）。

雖說是內向人，也請不要受偏見影響而決定自己的個性。**不要被言辭影響，而是坦然面對自己。**

內向人能變成外向人嗎？

身為內向人還是外向人，大多取決於與生俱來的特質，兩者與興趣嗜好或擅長不擅長截然不同。然而，如前面所提到的，每個人都有內向與外向的一面，至於程度的強弱，有一大部分是受到環境等後天因素所影響。也就是說，內向人發揮外向人特質的可能性未必是零。

閱讀本書的讀者中，想必有不少人試圖改變內向的自己吧？或許也有人想盡辦法隱藏自己的內向人特質，極力表現得活潑外向。

改變自己的方法有很多，例如努力變得外向、將內向人特質完美結合外向人的言行舉止，或者摸索活用內向人特質的方法。

至於我的選擇，我不會把自己變成外向人，而是想辦法活用內向人的特質。

先入為主認為「外向人比較優秀」

話雖如此，我直到最近仍是深深覺得「應該當外向人」。學生時代在團體中一呼百應的領袖人物、具有強烈好奇心什麼都敢挑戰的同學，他們看起來如此耀眼。我始終不喜歡自己怕生、鑽牛角尖又愛想東想西的個性，這種想法一直延續到大學畢業成了社會新鮮人。每當看見勇於冒險不斷挑戰新任務的前輩或同期同事，總是令我沮喪不已，「爲什麼我這麼怯懦又消極呢？」

我便懷著這樣的想法，設法改變三十歲以來的工作模式，等副業做出成績後便辭去工作，正式成爲自由工作者。「有志者事竟成」的成果讓我多少有了自信，收入也比粉領族時期還要高。

儘管如此，不安焦躁依然揮之不去。

我當時念的商務研習班裡有許多一邊上班工作、一邊投入副業的人以及自由工作者，這回在他們面前，我不禁感到自卑。

他們個個胸懷大志，全是「勇於行動」的人。他們會頻頻出席跨業交流會等場合，自信滿滿地發表自己的意見，藉著展現自己吸引更多人來拓展人脈。在我的眼中，「像他們這種風雲人物，工作上一定會創下佳績啊」。

當時的我，左思右想的時間比較長，沒辦法立即付諸實行，也沒有勇氣積極發言。只能在一旁崇拜地看著那群（看似）勇往直前的人。

更何況，我那時候雖然實現了「離開公司當自由工作者」的目標，但是對於將來的展望與夢想沒有半點頭緒。面對擁有明確目標且意志堅定勇於實行的人，我真是無比羨慕。

現在的我藉著「活用內向人特質的工作模式」建立起的信心與各位分享資

訊，當時的我始終覺得「一定要改掉內向這個毛病」，並且固執地認爲「當一位外向活潑的人應該比較容易成功」。我翻過的自我啓發書籍常提到「要活用自己的優勢」，而我對這種說法卻是表面上理解，實際上難以認同。書裡也提到「不要顧慮太多，首先採取行動」、「要增加一點活力，多與人來往」，全都是要人克服自己不擅長的事。

內向人小知識

高敏感族（HSP）有一些內向人不具備的特徵，也就是「五感遲鈍（味覺、嗅覺、聽覺等等）」、「感到壓力時，容易殘留負面的情緒」、「對別人的感受與情緒很敏感」、「很難區分『我是我，別人是別人』（有強烈同理心）」。

我決定「活用內向人特質」的理由

我過去一直認爲「一定要改掉內向的毛病」，改變想法的契機，則是一場有關工作模式的講座。

我在那場講座聽到「請用抽象的詞語描述自己的主軸」時，腦海頓時浮現「內向人」一詞。在此之前，我曾覺得自己「也許是內向人」，性格診斷測驗的結果也是如此，可是，我那時候不願意接受這樣的自己。

然而，當我自然而然想到「內向人」一詞時，瞬間明白了過往的人際關係與工作上的煩惱，全都與自己的內向人特質息息相關。當下頗有近似釋懷的感覺：「我這輩子，再也擺脫不了內向人三個字了吧。」

我想更加了解內向人，於是開始閱讀內向人相關書籍。我也在推特（Twitter）上發表有關內向人的推文，藉此複習學習所得並加深記憶。結果慢慢有人對我的推文按「讚」，也有人回應了我的推文。「深有同感」、「非常值得參考！」收到這些共鳴及鼓勵，我才切身感受到同樣有人苦於內向人才有的煩惱。

深入了解內向人之後，我知道這世上還有與我一樣的內向人，心境也跟著慢慢改變。

我過去死命掙扎著想成爲外向人，卻怎麼也不成功。勉強改變自己反而更痛苦。與其如此，我不由得想：**「不如坦然接受自己是內向人，轉換心念試著活用這項特質，另闖一片天？」**

再次回顧自己的過往，我漸漸能以正面的態度看待，「正因爲是內向人，才能如此順遂。」

「個性沒那麼頑固，讓人可以放心相處」、「話不多，更顯得說出來的話語有說服力」、「文筆感性易懂」……我至今還記得，曾收過這麼多讚美。

此外，因爲內向人愛瞎操心又小心謹慎，所以在工作或學習上會給自己充裕的時間慢慢思考，我也有了新的體認，「或許這樣的態度值得周遭的信賴吧」。

自從試著坦然接受自己，我做了一項實驗，如果我不再遷就別人、而是以內向人的本色投入工作，結果會是如何？

首先，我不再勉強自己參加活動或與陌生人交流的場合。當初自立門戶成爲自由工作者時，我也曾擔任講師傳授網路行銷的訣竅，不過，我的目的不是爲了吸引廣大顧客，反而改走以小眾爲主的輔助路線。除此之外，我還在社群媒體上公開表示自己是喜歡窩在家裡的宅女，由於我平時很少拍網美照，所以反其道而行，只在Instagram上發揮自己的好文筆。

當我逐步嘗試自己所能做的事，結果發現……確實很愉快。

我也切身感受到，「比起和廣大群眾在一起，自己更擅長一對一或少數人群的溝通及輔助。」不必勉強自己拓展人脈，而是只見想見的人，的確能大幅減輕壓力。感覺像是這輩子第一次嘗到「專注做自己擅長的事」的滋味。不管怎麼說，最令我感動的是能因此結識志同道合的內向人。

我成功擺脫了「一定要變成外向人才能成功」的偏見，為了進一步朝活用內向人特質的工作模式發展，我不斷嘗試摸索。同時也有了新的想法，「希望能對身為內向人的自己產生自信，讓更多內向人能活用自身的優勢」，於是開始提供諮詢與顧問的服務。

長久以來，我都無法接受「內向的自己」，諸位讀者會翻閱這本書，想必也是為自己的內向人特質感到煩惱吧。

轉換心念積極採取行動的時機因人而異，那樣的時機也許不會馬上到來。**請不要焦急，不要放棄，試著坦然面對自己。**

內向人小知識

「因為是內向人所以不適合〇〇」、「內向人沒辦法做〇〇」，請不要這樣限制自己的潛能。為了瞭解自我而把自己歸在某一類固然重要，如果因此屬於某一類的名詞規範自己，則是本末倒置。請不要壓抑「採取行動」的勇氣。

第2章

內向人不適合在公司組織內工作

「目前的工作值得繼續嗎？」七項判斷基準

有許多因爲內向人特質而煩惱的人，都會到我的Instagram及ＬＩＮＥ留言。其中絕大多數是有關工作。

「很在意別人講電話或說話的聲音，沒辦法專心工作。」

「開會期間正在思索自己的看法，卻跟不上別人討論的速度。結果被老闆盯上，以爲我一點都不積極。」

「我的工作進度比別人慢，老是拖別人後腿。希望自己能掌握工作要領。」

目前的工作值得繼續嗎……。閱讀本書的讀者，是不是正面臨這個煩惱呢？我會根據**「七項判斷基準」**，提供摸索未來工作模式的諮商建議。下列七項中，有幾項符合你目前的情況呢？

①滿足目前的薪資條件

一旦換工作，待遇及條件有可能比目前的公司還差，年收入也會下降。比起工作環境，你更重視薪資多寡嗎？

如果你滿足於目前的薪資，也許沒必要冒著風險辭去目前的工作。

②能挑戰自己想做的事

「待在目前的公司，才能挑戰單以個人名義不可能接觸到的大案子。」如果職場環境能讓自己挑戰有興趣的工作，或許能因此克服工作上的種種壓力並且樂在其中。

由公司提供預算，且有上司當自己的靠山，能在這樣的環境做自己想做的事，可說是非常幸福。

③有想要一起工作的人，對公司的願景產生共鳴

「想要汲取那個人在工作上的推行方式與想法」、「希望自己能爲實現公司願景盡一份心力」。公司裡若是有值得尊敬的人，自己也對公司的事業內容產生共鳴，能在這樣的環境下工作，對你來說應是一大利多。

④以累積經驗為目的

「想在目前的公司學習某項技術」、「想要先了解這一行的現狀」，這類的工作目的便是爲了累積經驗以便實現未來的夢想。工作期間也許會嘗到辛酸或遇到難以苟同之事，這時候的重點是想開一點，把它當作「經驗教訓」，適時轉換心情以自己的目標爲重。

⑤適合內向人的環境

對於外在刺激相當敏感的內向人來說，職場環境會大幅影響工作的進度與效

率。「用隔板劃分個別區域」、「加大辦公桌之間的間隔距離」、「減少接聽電話談業務的次數」、「增加一個人能夠處理的工作」，若是職場環境能如上述保有個人的空間，讓人有充分時間專注在工作上，想必能減輕在公司組織工作的壓力。

能自行決定上下班時間的彈性工時制度，或是不必去公司、在家就能工作的居家辦公制度，對內向人而言是一大福音。

⑥有決定權，可在一定範圍內自行調整工作進度

與外向人相比，內向人通常是謹慎派且三思而後行，在能夠自行掌控進度與工作方式的情況下，才能毫無壓力地投入工作。「自己承擔責任，自行決定工作進度」、「只看結果，不問工作過程及方式」的環境，可說是最適合內向人的工作環境。

⑦可望在公司內部解決的煩惱

「容易請調其他團隊或部門」、「近期可以接受居家辦公」，繼續待在目前的公司有可能解決工作上的煩惱嗎？舉個例子，「我被分發到業務部門，可是跟人談業務時都因爲太緊張而談不成合約。」像這種煩惱，或許不必特意換工作，請調到行政部門就能解決。

不妨一方面確認公司內部的規定，一方面與上司商量，尋找能在目前的公司改善問題的方法。

各位覺得如何呢？

如果符合情況的項目較多，即表示繼續待在目前的公司比較好。請以正面的心態投入工作。

反過來說，**如果認為「沒幾樣符合的……」，如今正是認真思考未來工作模式的大好時機。**

內向人小知識

一般認為「不受干擾的程度媲美靜謐的圖書館」，才是能讓內向人全心專注的環境。對於同屬內向人的我來說，最容易集中心神的地方是安靜且沒有外人打擾的自家，不過，也有人覺得「太安靜反而無法專注」、「像咖啡廳那樣有些吵雜更好」。

公司組織是為了外向人而存在的？

應屆畢業進公司，一年多後辭職→跳槽到嚮往的婚慶產業→工作壓力大，經診斷爲適應障礙症而停職→辭職→以不想工作爲由渴望當家庭主婦，卻在丈夫極力反對下不得不去金融機構從事行政業務工作→二十八歲開始挑戰副業→三十歲辭職成爲自由工作者→半年後夫妻兩人成立公司。

自從剛畢業踏進公司，我這十年來一直爲了工作模式而煩惱，不停尋找答案，「這裡不是我的歸屬」、「適合我的職場應該在其他地方」。

對內向人來說，一個人獨處的時間非常寶貴。外向人並不在意雜音或人群，可是內向人就是很敏感，會在不知不覺間感到疲乏。

比起外在世界，內向人往往更在乎自己的內在世界，因此喜歡能讓自己集中心神的環境。埋首研究某項事物的研究家、具備獨特感性與感覺的藝術家，通常以內向人居多。

內向人並不是欠缺協調性，而是覺得**相較於團隊體制或團體行動，單獨行動更能維持自身的步調，自己在這種環境也顯得較有活力**。

公司組織便是團體行動的極致。對於我們內向人來說，在公司組織裡工作實在很難保有靜謐的空間讓自己集中心神，也騰不出充裕的個人時間。

請回想一下小時候。

我們從小到大接受的教育，是不是認為外向才是「良好」的呢？

「要多交朋友，跟大家一起玩。」

「多主動舉手發言。」

公司也延續了這樣的價值觀。能與任何人暢談無礙的溝通能力及配合度，較容易獲得別人的肯定，認為是行動果決的人。

講求外向的社會

在學校受教育時……

○月×日
要多交朋友，
和大家和睦相
處一起玩耍
要多主動
舉手發言
好

求職時……

感覺很開朗
積極啊，
未來可期……
這份工作
請交給我！

我們所處的環境認為外向才是「良好」的。

doda求職網曾經調查三千家公司約一萬五千件徵才資訊，結果顯示**「企業徵才的人格特質」第三名是「活潑外向」**（出自求職徵才網站《doda》的連載文章「招聘官的眞心話——中途換跑道的實況調查」。第一名是「積極主動」，第二名則是「靈活應變」）。

很明顯的，許多公司喜歡活潑外向的員工，推崇外向的風氣已根深蒂固。講求外向型人才的公司，常會把內向人不擅長的要素當成評判標準。如此一來，內向人自然會感到自卑，認爲自己「不夠活潑外向就是一無是處」。

「內向人不適合公司組織」。

我那時候若是能坦然面對自己的內向人特質，就能早一點找到適合自己的工作模式與工作方式了吧。

換工作、自由業、副業……還有哪些工作模式？

雖說明白自己「不該繼續待在目前的公司」，但是就此決定再也不在公司組織裡工作，未免有些草率。畢竟有些煩惱換一家公司就能解決，也有的內向人反而適合待在公司組織裡。

接下來將詳細解說「**換工作**」、「**自由業**（包括自行創業）」、「**副業**（釐清未來工作模式的緩衝）」這三項職涯規劃。請從各個層面探討三項職涯的優缺點，以及自己究竟適不適合，藉此尋找未來的職涯規劃。

Lesson 1 主觀考量

首先，請將自己的想法寫在下一頁的work 01。

事前準備：思考工作模式

Q1 工作上有什麼樣的煩惱？

對煩惱產生什麼樣的情緒？

請把想到的各種要素盡量寫出來，包括工作內容、人際關係、職場環境、福利制度等。

（例：通勤時間單程需花兩小時很辛苦，一下班就覺得累。）

Q2 如何解決煩惱會比較開心？

解決煩惱後的心情會是如何？

（例：通勤時間降到三十分鐘以內會很開心，心情會很開朗。）

Q3

Q1列舉的煩惱中，最想解決哪一項？

（太多的話，可舉出前三項。）

Q4

從換工作、自由業、副業的角度來看，如何解決Q3的煩惱？請盡量詳述。

（例：換工作→換到離家近的公司；自由業→把自家當辦公室；副業→現況不會改變）

Q5

Q4的三個方法中，比較可行的是哪一個？相反的，絕不想選的選項是哪一個？

Lesson 2 客觀考量

接下來要了解換工作、自由業、副業的優點與缺點，以客觀的角度驗證哪一種職涯規劃能解決煩惱。

①換工作

【優點】

有的人比較適合按照指示完成工作，而不是自己創造工作機會。對這樣的人來說，換工作或許是大好良機，讓自己找到適合的職場環境。

此外，進公司後就有工作可做，到職第一個月便能領到薪水。如今的時代雖然不是身為正職員工就能安穩度日，但是與收入沒有保障的自由工作者相比，可期待日後多少有一份穩定的收入。**如果「非常需要每個月的定額收入」，比較穩健的選擇是換工作或副業**，而不是從事自由業。

順帶一提，若是有的企業在徵才資訊中特別註明公司內部有許多活動以及公司同仁感情融洽，表示高階主管有可能比較注重外向特質。換工作時請務必確認。

【缺點】

面試時與進公司後，有可能不符合自己的期待。

在面試時提問自己在意的部分確實重要，包括公司內部的溝通及開會的頻率、工具（電子郵件、聊天室、面對面等等）、廠商與客戶詢問互動的頻率及應對方式等等，可是有許多事情必須自己親身待在職場才能了解。

例如人際關係。即使面試官給人的印象不錯，但是要等到進公司後，才能實際了解一起工作的同事性格與公司氣氛。**在公司組織裡工作，便無法自由選擇人際關係，只能「碰運氣」**。

【適合換工作的人】

□想挑戰單以個人名義無法接觸到的工作。
□認爲在公司組織裡工作有助於職場升級。
□希望每個月有固定的收入。
□按照指示工作較適合自己。

②自由業（包括自行創業）

【優點】

自由工作者指的是「不專屬於特定企業或團體、組織的獨立形態，提供自身的專業知識或技能賺取等價報酬的人。」（出自自由工作者協會《自由工作者白書》）

也就是所謂的自僱人士，以「業務委託」的形式承包企業或第三方客戶的工作。本書也將自立門戶成立公司的案例歸納在「自由工作者」。

自由業與換工作的最大不同點，在於**自由度相當高，可自行選擇及創造適合自己的工作環境**。若是成爲自由工作者，工作內容、工作場所、工作所需時間、人際關係等全都可以自行決定。也能擺脫不可理喻的上司以及應酬的酒聚。

也有人基於以下理由選擇自由業：「與其漫無目的尋找最適合自己的公司，不如自行打造舒適的環境、做自己有興趣的工作還比較快。」

至於踏入自由業的主要途徑，例如工程師、設計師、編輯等人才，可善用過往的工作經歷鍛鍊出來的技能與人脈自行創業或繼承家業，或者兼顧公司的正職與副業，等基礎穩固之後再自立門戶。

【缺點】

所謂自由，換個說法便是「後果自行負責」。踏入自由業，就沒有上司當自己的靠山。因爲不再聽命於人，必須由自己思考期限之前該怎麼做。當然，每個月也無法保證有固定收入。

不論往好的一面或往壞的一面來說，都是「結果至上」。**收入會增加或是減少，一〇〇%全看自己**。不在公司組織裡工作，即表示一切後果由自己負責。若是無法以正面的心態面對這種情況，也許會覺得非常辛苦。

【適合換工作的人】

□想按照自己的步調工作。
□想要多方嘗試，不希望只做一件事。
□過往合作的廠商有助於未來的工作發展。
□以樂觀心態面對嘗試摸索。

③副業

【優點】

正好介於換工作與自由業之間的是「副業」。**除了每個月領取正職的固定薪資，還能利用閒暇時間挑戰有興趣的工作**。算是「取換工作與自由業兩者的優點」。

「我很想成爲自由工作者，可是我還沒決定要做什麼工作」、「我想嘗試跟目前工作無關的工作」，有這種想法時，先從副業做起是較爲可行的方案（我也是如此）。不妨藉由正職維持穩定的經濟來源，再勇於嘗試各種事物。

【缺點】

從事副業**最困難的是如何兼顧正職以及時間管理**。不但自由時間比以往減少許多，對身心的負擔也增加不少。

此外，因爲有正職的關係，所以很難產生「非做不可」的危機感，這也是一項缺點。「今天太累了，不做副業了」，若是像這樣有了惰性，即有可能造成廠商或客戶的困擾。

許多人便是因爲從事副業的意義與目標不明確而遇到挫折。

【適合換工作的人】

□想要摸索自己的潛能與興趣。

□想要增加收入來源。

□想要體驗自由工作者的工作模式。

□能以正面態度看待「如何有效運用時間」。

內向人經驗談
日常篇

與人見面時，即使當下很開心，結束後仍會覺得疲乏。

順帶一提，旅行或出差回來後，總是很容易生病。

也有莫名的堅持。

因爲沉默寡言，不免讓人覺得「沒有主見」或「配合度很高」，但是對某些事情會很堅持，例如「不想打亂步調」、「不想捲入紛擾的人際關係」。

喜歡不太花錢的興趣。

換句話說，不必花大錢也能取悅自己。……這麼說是不是很酷？

第 3 章

如何實現「不在公司組織裡工作」？

「不受限公司組織的工作模式」將成主流

有些人對於離開公司組織工作，是抱著樂觀的態度：

「我心裡曾覺得自己不適合公司組織。」

「我其實對自由業的工作模式很感興趣。」

但是有些人的想法未免太悲觀了吧？

「根本沒有我想做的事。」

「我沒什麼長處，能一個人完成工作嗎？」

「感覺很難啊。」

「夢想對我來說就只是一場夢……根本無法實現。」

第二章介紹的三種職涯中提到了換工作的選項，可是內向人如果一直找不到友善的職場環境，我眞的覺得**「由自己來創造可活用內向人特質的工作模式還比較快吧？」**

綜觀社會的發展趨勢，未來「不受限於一個組織的工作模式」將成爲主流。

事實上，這種趨勢發展得相當迅速。

日本厚生勞動省即根據《工作方式改革實行計畫》（於二〇一七年三月二十八日工作方式改革實現會議中決定），有意推廣並促進副業及兼職。解禁副業的企業也增加不少，例如丸紅、新生銀行、軟銀（SoftBank）、旅遊集團H. I. S.、巴而可（PARCO）等知名企業均相繼開放從事副業。

此外，豐田汽車（TOYOTA）的社長於二〇一九年五月曾說過「終身雇用制已很難維持下去」，媒體也對此大肆報導。這番話證實了：「就算在全球知名大企業工作，員工也無法保證未來高枕無憂。」姑且不論自己是否內向人，我們將來所要面臨的現實是「必須找到**能靠自己賺錢而不必仰賴公司的方法，否則無法**

生存。」

對公司一心一意、工作到退休爲止的員工形象，已是遙遠的過去。各位應該明白，我們如今正處於劇變的潮流中心。

隨著時代潮流發展，投入身兼數職的「平行工作（Parallel Work，副業、兼職）」模式的人愈來愈多。

副業與身兼數職的不同點，在於「主要的正職是什麼」。「副業」用來補貼正職的收入的意義較爲強烈，相較之下，「平行工作」給人的印象是可以同時擁有多項正職，即使在公司上班，也不代表主要的職務只有那一項。舉例來說，有的人平時是上班族，同時也是一名活躍的YouTube網路紅人或者從事農業經營，這便是所謂的平行工作。

逐步實現「不在公司組織裡工作」的方法

當然，我並不是要各位「立刻從公司辭職改當自由工作者」，畢竟風險實在不小。

我的建議是「繼續目前的工作，維持現在的生活水準，再**以副業的形式逐步嘗試**」。如果嘗試的工作不適合自己，若只是一項「小挑戰」，也可立即改換其他工作。

有的人會覺得「與其從事副業不上不下的，倒不如辭掉工作不讓自己留後路」。但我不認同這麼做。因爲我認爲，**無法在有限的時間裡努力兼顧正職的人，就算從公司辭職有了更多自由時間，也很難成就一番事業**。

這是我辭去粉領族成了自由工作者後不久的失敗經歷，過去一天八小時都得待在公司裡，當這段時間全成了自己的自由時間收入，卻比從事副業的時期還要低。人往往會縱容自己，時間一多，就會過得渾渾噩噩。我學到的教訓便是「可自由運用的時間增加」與「工作成果」未必成正比。

現在過得忙碌，反是從事副業的大好良機。

不如先從副業做起，再慢慢轉換成「不受僱的工作模式」。感覺上也許繞了一大圈，卻是最踏實可行的途徑。這種慢慢改變環境的方式，最大的優點便是「對刺激敏感的內向人也很容易適應」。

請看下一篇的「內向人工作模式樹狀圖」。

我想目前大多數人的情況都是①。**請先以③或④為目標，再慢慢轉換至⑤或⑥**。請按部就班，逐步實現「公司組織以外的工作模式」。

有哪些副業選項？

接下來想一想副業能做哪些工作。如果是從個人接案開始，可概分成兩大類。

①自企業或自僱人士等客戶承包工作。

②自行思考、提案、集客，提供獨創服務或商品。

若是初次挑戰副業，最容易的是①。即使從來沒有以個人名義負責工作，也沒有任何門路，**只要善用集客網站或群眾外包服務，菜鳥也能接案工作**（第五章會詳細解說如何找到適合自己的工作以及實行方式）。

內向人工作模式樹狀圖

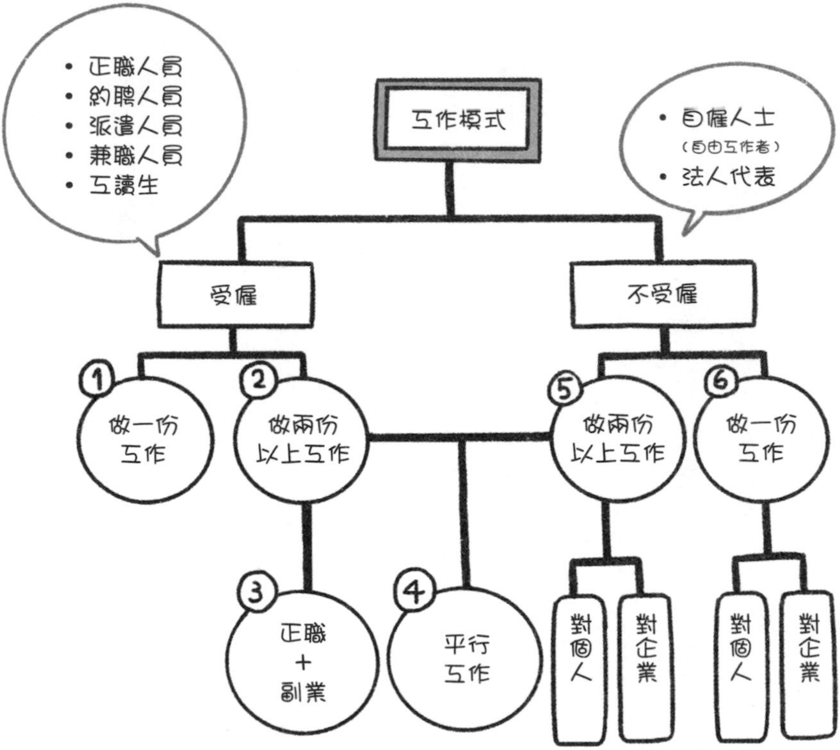
• 正職人員
• 約聘人員
• 派遣人員
• 兼職人員
• 工讀生
工作模式
• 自僱人士
（自由工作者）
• 法人代表
受僱
不受僱
1 做一份工作
2 做兩份以上工作
5 做兩份以上工作
6 做一份工作
3 正職＋副業
4 平行工作
對個人
對企業
對個人
對企業

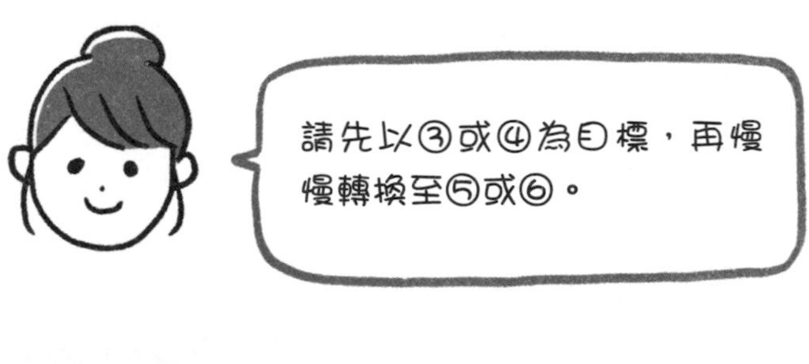
請先以③或④為目標，再慢慢轉換至⑤或⑥。

・活用文書技能，使用PowerPoint替別人製作資料。
・活用美容相關企業的職務經歷，擔任寫手撰寫與美容有關的文章。
・對服務業感興趣，利用公司放假的日子擔任活動的接待人員。

以上列舉的不過是其中的案例，事實上，有時候也會接到來自熟人的工作請託。不妨**抱著「助一臂之力」的心態，思考如何將自己的經驗與興趣運用在工作上。**

接著再記住以下兩項重點，應能增加更多工作選項。

①「低成本所能做的事」比預期還多

即使沒有資金或公司名號加持，我們依然可以運用便利的工具嘗試各種挑戰。

不必購買昂貴的相機，只要利用智慧型手機的應用程式，任何人都能替照片做些簡單的效果。不必藉助電視台的力量，只需剪輯智慧型手機所拍攝的影片，上傳至YouTube就能讓全世界都看到。不必張羅實體店鋪，只要將自己製作的商品發布至網路販售即可。

在此姑且不論獲利的訣竅，因爲**「不花錢就能做到的事」會愈來愈多**。

②網路上也有工作機會

「想要接到工作，必須參加交流會等場合建立人脈才行。」

「一旦以個人名義工作，我這個內向人就得面對不擅長的推銷或詢問互動了……。」

你是不是也這麼想呢？

我剛成爲自由工作者時，也參加了許多活動及研討會，想盡辦法打開自己的知名度。然而，這本來就是我最不擅長的部分。就算眞的出席這類場合，光聽別人說話都來不及了，根本顧不上宣傳自己。等到筋疲力竭回到家，也只能癱在床上陷入自我嫌棄。更何況，勉爲其難參加的活動或研討會上所遇到的人，與自己的工作沒什麼幫助。

但是現在，我不再勉強自己做這些。因爲我學會有效運用網路上便利的平台。**在不清楚人脈與廠商等客戶在哪的情況下嘗試副業，最好能夠學會利用平台。**

例如媒合委託工作者以及接案者的網站（「CrowdWorks」、「LANCERS」等等），便刊登了許多工作機會。若是能上平台應徵，一旦獲得錄用，就能立刻開始工作。

此外，若是懂得運用「coconala」、「Time Ticket」、「Street Academy」這類技能分享網站的服務，即使缺乏知名度與實績，同樣能以收費的方式提供自己的技能、知識與創意（自二三一頁起會一併彙整以上介紹的網站）。

不在公司組織裡工作的好處

各位是否可以想像得到，將來從副業起步、慢慢實現不依賴公司組織的工作模式？

最後為各位整理不在公司組織裡工作的優點。

優點1　可自行決定工作場所

上班的概念不復存在。**可以找個能讓自己靜下來集中心神的場所辦公**。可以選擇在家裡，也可以選擇在自己喜愛的、有陽光灑進大片窗戶的咖啡廳裡。甚至可以根據當天的心情與情況，改變辦公的場所。

再也不必和大家在同一個時間於同一個月台上排隊，與一群不開心的人擠在塞得滿滿的電車趕著上班。由於內向人接受刺激的容量很小，所以有不少人不喜

可在喜歡的時間與場所
用喜愛的方式工作。

歡人擠人。單是少了通勤的壓力，幸福程度就會提升許多。

優點2　可自行決定工作的進度與工作方式

儘管有「滿足客戶及廠商的需求」這項大前提與期限，仍是**可以在一定範圍內自行決定工作進度與工作方式**。當然，時間的分配也是如此。例如有人的工作風格便是「早上很難提起精神開工，下午再動工吧」。

從此擺脫繁瑣雜事，再也不必遷就別人，也不必一一請示上級決定。

優點3 可自行決定溝通方式

我擔任內向人諮詢師時，會配合諮詢內容與目的而改變溝通方式。有時是在研討會等場合中演講，有時則是使用Skype或Zoom等網路會議系統，在家裡透過電腦螢幕進行心理諮商。

洽談工作也是如此。不必直接與對方面對面，也能**利用網路會議系統或電子郵件、電話等工具解決工作事宜**。

優點4 可在一定範圍內篩選人際關係

若是在公司組織裡工作，職場上的溝通便是無可避免的一件事，也無法自行選擇一起工作的上司與同事。

換做不屬於公司組織的工作模式，一個人能做到的工作也不少，與人合作時，也能在一定範圍內自行挑選夥伴。

當然，公司內部的聯誼會或酒聚這類造成煩惱的根源也不再出現。從此可擺脫「因為應酬酒局不得不待到深夜，今天也睡眠不足……」的日子。

如果認為繼續待在目前的公司或者換工作不算最佳選擇，對未來也不甚樂觀，不如**先維持目前的工作，再以副業的形式摸索自己的潛能**。

接著逐步實現不仰賴公司組織、而是活用內向人特質自立自強的工作模式。

第 4 章

什麼是活用內向人特質的工作模式？

活用內向人特質工作模式的三大要點

上一章提到了尋找不仰賴公司組織的工作模式。

本章將進一步探討如何「活用內向人特質」且不在公司組織裡工作的方法。

首先，「活用內向人特質的狀態」究竟是什麼？

我認爲必須滿足以下三項條件。

①不與外向人一較高下。

②要對發揮內向人的優勢有所自覺。

③自主選擇。

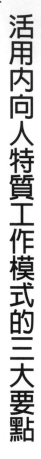

①不與外向人一較高下

想要轉換至活用內向人特質的工作模式，首要之務便是坦然接受自己，冷靜地分析自己的長處與短處。

如我一再強調的，我們是在推崇外向特質的環境下成長，所以會產生「內向人的特質是缺點，必須改變成外向人」的偏見。相信有不少人總是拿自己與外向人一較高下，並且因此感到自卑。

然而，如我在第一章所提到的，外向人與內向人之所以不同，有一大部分是受到先天性的大腦及基因結構所影響。

因此，**最重要的是以客觀角度理解自身的內向人特質，並且坦然接受自己的性格**。

把內向人的特質當作缺點的觀念若是根深蒂固，每當看見外向人就會產生自我否定的念頭。進而強迫自己「必須克服不擅長的弱點」。

當我還無法認同自己的內向人特質時，也認爲「想要成就一番事業，必須擁有能言善道的口才以及吸引眾人跟隨的領袖魅力」。看到表現出色耀眼的人，只會讓我滿懷嫉妒與焦躁，逼自己「一定要像他那樣」。

如今我已能釋懷，「不要把所有精力花在與人比較，不如轉換心念，想辦法發揮自己的優點。」

不論是外向人或內向人，兩者並沒有所謂的優劣之別，純粹是「不同」而已。我們內向人覺得輕而易舉、外向人卻覺得困難的情形也不少。

舉例來說，內向人會審愼評估後再來判斷事物好壞。外向人則是傾向邊做邊思考。往好的方面來說是有行動力及爆發力，但也有可能因爲額外做了無謂的事而導致效率打折，犯了不該犯的錯誤。所以有許多外向人會「羨慕」內向人的深思熟慮與謹愼。

人總是愛與人相比。有時會忍不住羨慕外向人擁有自己所沒有的特質。比較倒是無妨。但是面對外向人感到自卑時，請隨時**提醒自己，「內向的**

特質是與生俱來的武器」。並且對自己說：「外向人很出色，可是內向人也不差。」這麼一想，心情會輕鬆一些吧。

因此，首要之務是不要與外向人一較高下，而是認同彼此的優點。

②要對發揮內向人的優勢有所自覺

單是了解內向人的優勢，還稱不上是活用內向人的特質。重點在於有所自覺，「懂得發揮優勢展現成果」。

會有這種想法，是因爲最近回顧從前當粉領族的歲月，發覺有幾件事讓我覺得當時有「發揮內向人獨有的優勢」。

我在第二間公司負責的工作，是向預定舉辦婚宴的新郎及新娘介紹婚宴場地。除了一次兩小時的面對面服務，還得在後台接聽不斷湧進的電話，再找空檔與負責的客戶聯繫後續事宜……。由於工作量龐大，趕末班電車回家成了家常便飯。我的身心因此疲憊不堪，經診斷爲適應障礙症，換工作才十個月便以辭職收場。

即便如此，有時候我也覺得自己「其實有活用內向人的特質」。因爲我會「站在對方的立場，耐心傾聽客戶的需求」。

詢問客戶對婚禮場地的需求時，也常聽到新人對我訴說對於婚禮的煩惱。其中包括父母與另一半的意見相左以及預算等細節問題。我不擅言辭，對於會場的知識也沒有前輩那麼豐富，但是我會提醒自己耐心傾聽，「至少讓新人懷著愉快的心情選擇會場」。所以有許多客戶對我說：「謝謝你能設身處地聽我們的訴求」、「你的工作態度眞不錯」。

儘管如此，我卻只在意自己的不足之處，難以從客戶的感謝話語獲得自信。我爲自己的不得要領深感自責，始終認爲自己「一事無成」、「不適合談業務與接待客戶」。

就算發揮了內向人的優勢展現成果，自己若是對此渾然不覺，還是會一味尋找自我以及摸索天職。

請以客觀角度省思自己的工作成果及理由。**唯有意識到「我能夠發揮自己的優勢」，才能落實活用內向人特質的工作模式**。

③自主選擇

不管選擇哪一種雇用型態、從事哪一種工作，最重要的是認清事實，「這是自己的選擇」。是否自主選擇，將會大幅影響續航力與熱忱。

「我這麼內向，只能做這份工作」、「朋友說『最好不要辭職』，所以我繼續待在公司」，像這樣用消去法決定工作，或者聽從別人的意見，並不會有好結果。

若是選擇的結果不盡如人意，就會立刻找藉口，例如「環境太差」、「都是他害的」。即使選擇的結果相當不錯，也會覺得不是靠自己的實力而難以產生成就感，仍是無法建立自信。

不論結果如何，只要自己依然抱著被動心態，便無法進一步落實活用自身優勢的工作模式。

由自己思考決定的事情，不但會積極投入，也會有堅持到底的強烈決心。反過來說，「自行決定」的主動程度愈低，投入的意願與堅持的決心愈薄弱。心理學將這種心態稱爲自我決定論，也就是「自行決定的程度（自我決定）愈大，熱忱也愈強」。

內向人小知識

【內向人常見的十個迷思（前篇）】①內向是一種應該改掉的缺點；②一定要讓自己變得外向才行；③懷疑自己是不是有毛病；④沒有適合內向人的工作；⑤自己就是不得要領、腦袋不靈光。

了解自己獨一無二的內向人優勢

相信各位已經明白，想要落實活用內向人特質的工作模式，「最重要的是坦然接受自己的內向人特質，對自身優勢有所自覺，並且自主選擇工作模式。」

接下來讓我們一起探討非你莫屬的優勢。

我認爲**所謂的優勢有兩種，也就是「天賦性情」以及「由經驗培育出的後天能力」**。

後天的能力可由「經驗值」與「擅長之事（手段）」引導出來。以讀書爲例，考試靠的是「經驗值」，能考到好成績的讀書方法則是「擅長之事（手段）」。

一方面了解自己的內向人特質，一方面省思過往，便能明白自身的優勢在哪裡。也許有人對於自己的優點與擅長的領域始終渾然不覺，請參考下列敘述自我評量。

①了解與生俱來的優勢

第二十頁的內向人診斷測驗中，各位打「◯」的項目所對應的某個英文字母愈多，代表某種傾向的內向人特質愈強烈。換句話說，某個英文字母的數量愈多，即表示「屬於你的內向人優勢」。

我在與人諮商的過程中，有人說「我處理資訊的速度比較慢，但是不覺得外出或行程滿檔會很累」，也有人說「如果沒有獨處的時間，我就會有壓力，不過我處理資訊的速度還滿快的」，由此可知，內向人各有不同的傾向。

即使以「內向人」一詞概括，每個人仍是各有突出的特徵及優勢。

診斷測驗的A到D所對應的優勢整理如左。

優勢的相反就是劣勢。自認為是缺點的部分，換個觀點及運用方式便能成為一項利器。在此列舉的優勢僅是範例，各位可以參考看看。

A較多的人：喜歡想東想西＝能夠審慎面對自己與他人

・注重自己的感覺與感性
・具有同理心，能站在對方的立場考量事物
・具有豐富的感性及創造力，能透過表現手法使人放鬆心情

B較多的人：一個人獨處更有活力＝能夠掌控自我

・不容易感到孤獨，具有專注力
・不會依賴他人，自主性高
・擅長調整身體與調適情緒

C較多的人：會花時間處理各種資訊＝深思熟慮

・具有觀察力與洞察力，可發現別人沒注意到的地方
・能評估風險做出冷靜判斷
・會耐心傾聽別人說話

D較多的人：對刺激很敏感＝能照自己的步調做事情

・對機械化的作業甘之如飴
・能做好周全計畫與準備，避免不測風雲
・不會隨波逐流

各位覺得如何呢？「聽你這麼一說，這也許是我的優勢」、「確實有人這樣稱讚過我」，是不是覺得有些部分頗有同感呢？

接下來是找出能靠經驗培育的能力。請根據自身經歷，按照第一〇二頁的步驟寫在work 02。

②了解靠經驗培育的優勢

步驟1　寫出工作經歷

請寫出過往的工作經歷（包括學生時代的打工）。

請像列出職務經歷那樣，按照時間順序簡單條列寫下部門名稱、職稱、負責的業務內容、在職時間（例：〇〇公司業務部三年，擔任行政業務。主要工作爲支援業務同仁整理客戶資訊與製作資料……諸如此類）。

從範例來看，「三年來的行政業務」便是如假包換的「經驗值」。

也許有人覺得「這點經驗值不算是優勢吧？」、「又不是什麼了不起的成就」，但是與沒做過行政業務的人相比，你的技能與知識肯定豐富許多。**自認爲理所當然的事，對別人來說極有可能是寶貴的經驗。**

不要憑主觀取捨選擇，請先機械化地條列事實。

步驟2　尋找擅長之事

接下來從經驗值中尋找擅長之事。

擅長之事指的是不必任何人交代就能主動去做的事，或是輕而易舉的事項中具有加分效果的業務。

步驟1列舉出的業務中，能做出成績、並且獲得讚美與肯定的是哪幾項？短短一句話也無妨，例如客戶對自己說「謝謝」，或是同事稱讚自己「很厲害」。

「爲什麼爲了這點事情稱讚我啊？」若是有這種想法，讓你不以爲意的事項很有可能就是擅長之事。如果有人稱讚了你覺得理所當然的事，難免會一頭霧水。不過，同樣一件事情，有的人再怎麼努力也做不來，對他們來說，輕而易舉就能做到的人自然很「了不起」。這表示你擁有獨一無二的出色技能。

別人讚美「好厲害」，你卻覺得「理所當然」。所謂的「優勢」，大多隱藏在兩者間的認知差距裡。

若是有人一時難以找出自己擅長的是什麼，不妨從「感到自卑的事項」著手。

我的學生時代十分羨慕能在短時間內完成考試複習的人。他們一邊嚷著「我根本沒念！」一邊向周遭同學求助抱佛腳拚一個晚上，還能考出不錯的成績。我只能無比羨慕這樣的同學：「讀書有竅門又樂觀，眞好啊。」反觀自己，瞎操心又記性差，若是不在幾個星期前花時間多複習幾次，根本記不住。

「擬訂計畫按部就班堅持實行。」

這是我從前在工作上習以爲常的守則，每當周遭的人驚訝地說「你已經開始做了啊！」「你還在繼續啊！」我總是感到不可思議。因爲除了這種方式以外，我沒有其他辦法完成工作，頗有自討苦吃的感覺。

如今我已能改變觀點，**「自己認為的劣勢，卻是別人眼中的優勢」**。因爲我發現自己好幾次都藉著擬訂計畫、按部就班且堅持實行，在考試複習或工作上獲得佳績。而我現在就將這項優勢全面應用在工作上。

感到輸人一等時，要懂得找出別人與自己的不同之處。**就像別人擁有自己沒有的優點，自己同樣潛藏別人沒有的獨特武器**。

步驟 3　詳細區分擅長之事

列出幾項擅長之事後，接著將這些項目詳細區分。

例如「擬訂計畫按部就班堅持實行」。這句話可拆成數個細項，「擬訂計畫」、「按部就班」與「堅持實行」。再深入探討自己在每個細項具體的擅長。

擅長「擬訂計畫」，是指擅長安排工作的優先順序？還是擅長行程規劃得不那麼緊湊？或是兩種都擅長……將它拆解分析，有助於更加了解自己的優勢。請透過反覆自問自答「這是什麼意思？」，引導出自己的優勢。

將擅長之事詳細區分並且仔細說明，可藉此了解自己重視的價值觀是什麼。

將步驟1到3引導出的要素與①與生俱來的優勢（內向人診斷測驗）加在一起，就是你的「優勢」。

其中具有通用性且能廣泛應用在其他事物的「優勢」，便是工作上的一大利器。請花時間慢慢分析自己的優勢。

內向人小知識

【內向人常見的十個迷思（後篇）】⑥無法與外向人和睦共處；⑦無法擁有美好的戀情與婚姻；⑧不擅長與人溝通；⑨一無是處；⑩身為內向人實在很不幸。以上都是偏見！

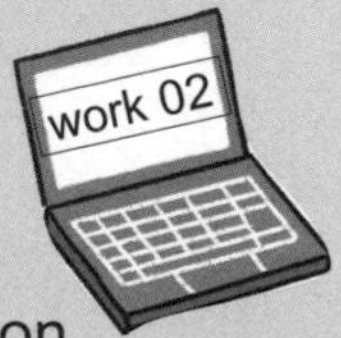

事前準備：了解可透過經驗累積的優勢

Lesson 1 寫出工作經歷。

包括部門名稱、職稱、負責的業務內容、在職時間等等。

Lesson

2 尋找擅長之事。

擅長的業務（創下佳績、獲得感謝、得到肯定等等）、別人如何稱讚你？

Lesson
3
詳細區分擅長之事。

結論

總結自己的優勢。

※請根據第二十二頁與第九十四頁內向人診斷測驗中有關傾向的解說，試著分析自己的優勢。

活用內向人特質的工作有哪些？

「適合內向人的工作是什麼呢？」
「內向人是不是不適合業務工作啊？」

來找我諮詢內向人適合什麼工作的人眞的非常多，但我認爲**內向人沒有不適合做的工作**。

所謂的內向人與外向人，只不過是將人類概分成兩大類的詞語而已。「內向人適合什麼工作？」這個問題感覺就像詢問「女性適合什麼工作？」即使概括爲女性，由於每個人的優勢、感興趣的對象、志願等等都不同，所以也無從回答吧？

內向人也是如此。每個人的優勢都不同，因此**無法一概而論「這個工作很適合」或「不適合」**。

與外向人相比，內向人對於人際關係顯得更慎重，且因爲內向人有不擅言辭的傾向，所以有不少人覺得自己「不適合業務工作」。然而，有許多人雖然是內向人，業務工作上卻表現得相當出色。

「我不太敢在大庭廣眾面前說話，但是我很擅長一對一慢慢溝通。」有的人就是利用這項特質，鎖定客群展開業務活動；也有人不擅言辭，但是會精心製作清楚易懂的資料提案給客戶；有的則是扮演合格的傾聽者，悉心探索客戶的需求……這些人藉著自身優勢展開業務模式，各自呈現了不同的成果。

如果自己喜歡某種工作，且能活用自身優勢滿懷熱忱投入其中，不論工作性質如何，都有可能成為最適合自己的工作。

話雖如此，今後尋找適合的工作時，有個具體的工作實例還是比較有參考依據。

因此，以下將根據前面所提到的內向人優勢，以及我與內向人諮詢時所得到的經驗，爲各位介紹得以發揮內向人本質的工作實例。

當然，這些並不代表全部，僅供各位參考。

此外，自二三一頁起會彙整本頁所介紹的網站，也請各位一併參考。

擅長手工可嘗試「手藝創作家」

「希望盡量遠離人群」、「想找可以一個人埋頭苦幹的工作」，這樣的人，不妨試試手作吧？擅長手工、喜歡創作、擁有豐富的感性及感受等特質的人，可試著活用自己的特質。

若是利用「Mercari」等二手商品交易應用程式，以及「minne」、「Creema」等手作購物網站，就能輕鬆發布及銷售自己的作品。

沒經驗也很容易入門的「寫手」

如果不排斥寫文章，可以試試寫手一職。雖然有截稿期限，但是能按照自己的步調作業，很適合「想找一份可以維持自己的步調獨自完成的工作」的人。

「CrowdWorks」、「LANCERS」、「自由寫手的基地」（フリーライターのよりどころ）等群眾外包網站常有許多徵求撰文的相關工作。請先試著多寫幾篇文章，再來挑選自己感興趣或者可活用過往經驗的案件。

網站上有不少沒經驗也ＯＫ的案件，就算沒受過專業的撰文訓練，也可以挑戰這類案件。

可活用知識與技能的「講師」

講師一職可以有系統地傳授自己的經驗與知識。我剛自立門戶的時候，也做過產品銷售方面的講師。

例如配合ＴＰＯ（譯註：時間〔Time〕、地點〔Place〕、場合〔Occasion〕）

的化妝技巧、簡單明瞭的資料製作技巧、iPhone的影片編輯訣竅、節約術與收納術等等……即使自認爲這些經驗與知識沒什麼了不起，對別人而言卻是願意花錢想要了解的寶貴資訊；這種情況所在多有。

即便是「不擅長與陌生人說話」的人，只要選擇一對一或小班制的教室、或是利用網路會議系統，也許會比想像中輕鬆愉快。這一點也很適合服務精神旺盛的人。

活用解決自己煩惱的心路歷程，嘗試「諮詢師、顧問指導」工作

講師傳授的是實用的訣竅，相較之下，諮詢師或顧問指導則是需要在對方身邊耐心傾聽。

建議經歷過較多煩惱的人或者曾經克服自卑感的人可以嘗試這類工作。曾有過類似體驗的人，對於對方的心情更能感同身受吧。根據情況，有時需要進修專業知識或考取相關證照。

協助他人的「行政、祕書等職務」

「比起在幕前工作，我更喜歡待在幕後協助他人的工作」、「我很擅長處理瑣碎、單調的工作」，行政、祕書等職務便適合這樣的人。

提到行政或祕書，通常會聯想到公司裡的相關業務，但是上網查詢「在宅業務」、「業務委託 祕書」等關鍵字眼時，會發現來自公司行號的徵才訊息相當多。

此外，也可以用副業或自由工作者的形式協助大忙人的事務工作。不妨利用社群網路服務或「coconala」、「CrowdWorks」等網站找找看。

擅長電腦可嘗試「工程師、網頁設計師等職務」

「操作電腦對我來說並不難，我喜歡默默耕耘」、「我曾出於興趣製作網頁」，這樣的人不妨試試資訊科技相關工作。

「CrowdWorks」、「LANCERS」等外包網站也有各種五花八門的案件。

其他

保母、家事服務、清潔、配送等業務委託的徵才訊息非常多，這些都是可以利用空閒時間從事的工作。

保母等職務也可以利用地方政府主導的「家庭支援制度」。這項制度是讓希望提供育兒協助的人（協力會員），以及需要協助的人（委託會員）各自加入家庭支援會的會員，委託會員如有需要，可以用計時托育的方式委託協力會員。這項制度可讓協力會員至家中照顧孩子，且有明確的收費規定。由於不少案件不要求具備證照或育兒經驗，相較之下，由地方政府主辦的機構顯得更令人安心。

講師
內向人自由
工作者的各
種潛能
工程師或寫手
手藝創作家

第 5 章

找到活用内向人特質工作的五大步驟

找到理想的工作模式

相信各位已了解自己的優勢，也清楚有哪些工作可嘗試。

那麼，能發揮自身特質的工作究竟是什麼？

「我沒有特別想做的事。」

「我不知道自己能做什麼。」

沒關係，我們一起想想看。

歸根究柢，**工作就是為了「提供價值」以及「解決別人的煩惱與困擾」**。首先要有人出現以上需求，「工作」才有可能成立。

什麼是活用內向人特質的工作模式？

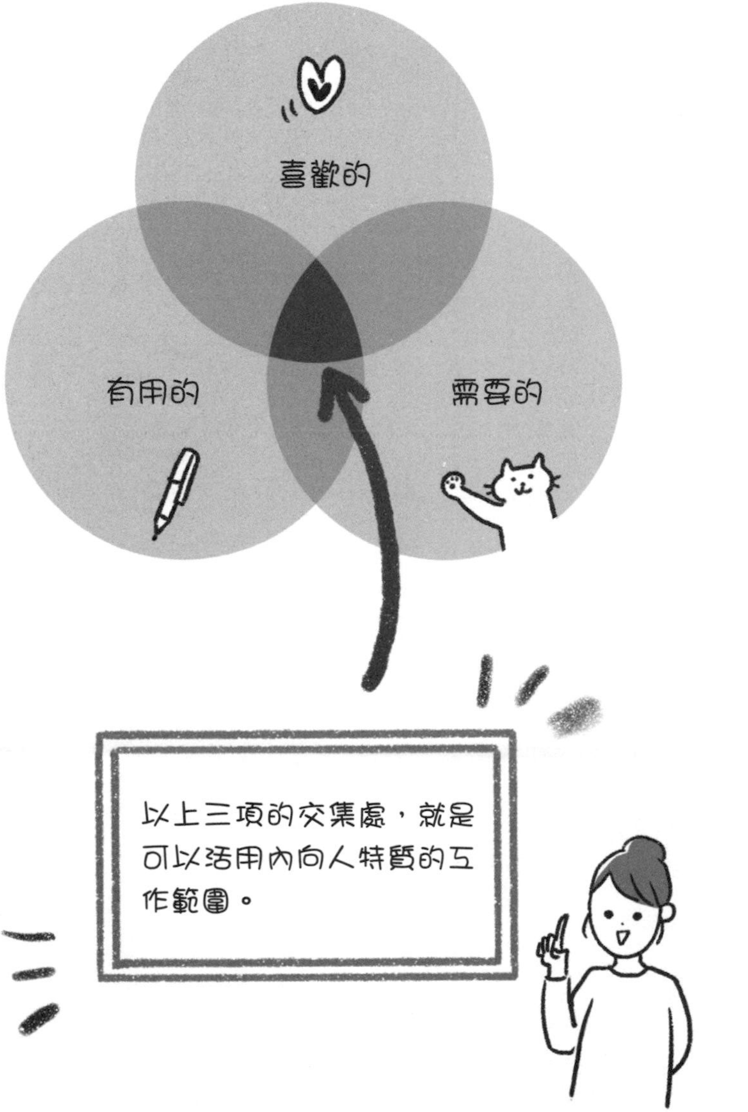
喜歡的
有用的
需要的
以上三項的交集處，就是可以活用內向人特質的工作範圍。

可以活用內向人特質的工作，可從「喜歡的（想嘗試的）」、「有用的（自己目前能做的）」、「需要的（有人需要）」這三項的交集中尋找。

本章將傳授五大步驟，保證讓你找到「不必依賴公司組織且能活用內向人特質的工作」。

接下來請瀏覽步驟1到步驟5的內容，尋找符合「喜歡的」、「有用的」、「需要的」等所有條件且能發揮內向人優勢的工作。

步驟1　想想自己喜歡什麼（想嘗試什麼）。
步驟2　探索有用的與需要的。
步驟3　嘗試體驗活用內向人的優勢。
步驟4　回顧省思。
步驟5　擬訂今後的計畫。

步驟 1

想想自己喜歡什麼（想嘗試什麼）

首先列出感興趣的與喜歡的、想嘗試的選項，寫在下一頁的work 03裡。

重點在於把腦海中一閃而過的想法全部寫下，目的是爲了將未來工作模式的「線索」盡量列舉出來。一開始最好不要限制選項的範圍。

出現想不出答案的項目也沒關係，以條列方式將能寫的全部寫出來。

事前準備：想想自己喜歡什麼（想嘗試什麼）

Q1

嗜好以及喜歡的事物是什麼？

Q2

曾經從工作中獲得快樂與成就感嗎？

Q3

曾經因為事情進展不順遂而感到不甘心嗎？

Q4

感興趣的工作是什麼？

Q5

哪些人的生存之道或工作模式值得尊敬？平時關注哪個人的動向？

接下來逐一解說work 03的提問。

Q1……嗜好以及喜歡的事物是什麼？

對於喜歡的事物，通常會渾然不覺時間流逝而沉浸其中。對著迷的事物愈熟悉，也愈容易展現成果。

「一提到喜歡的偶像或著迷的連續劇，話匣子就停不了。」你是否也會這樣呢？這樣的**熱忱與知識，或許對別人來說是有用的**。

Q2……曾經從工作中獲得快樂與成就感嗎？

能讓你感受正面情緒或取得成就感的事項中，藏著「喜歡之事」與「擅長之事」的線索。

例如團隊合作成功達到目標數值時所得到的成就感。請試著深入探討這件事情在哪方面做得不錯。「我事先將資料準備好，業務同仁都很高興。」如果覺得這一點做得不錯，你適合默默協助他人的工作，這或許也是你的擅長之事。

Q3……曾經因為事情進展不順遂而感到不甘心嗎？

人不會對無關緊要的事情感到不甘心。「爲什麼我做不到呢？」會有這種想法，是因爲對自己有所期望，「明明可以做得更好」；或者因爲自己有所堅持。**「不甘心」的情緒之中，也許潛藏著感興趣或關注的事物**（以我爲例，我對於有副好歌喉的人不會覺得不甘心，但是看到出色的文章就會覺得不甘心）。

Q4……感興趣的工作是什麼？

「我做得到嗎？」「現實生活中有這種工作嗎？」先不要去想這些，而是先選出純粹感興趣的工作。

Q5……哪些人的生存之道或工作模式值得尊敬？**平時關注哪個人的動向**？

若是有人值得尊敬或讓你關注他的動向，代表對方實現了你的理想。請一併思考對方哪一點值得尊敬或令你在意。「不是特別喜歡，但會忍不住看他的社群網站」、「我不喜歡他，但是很在意」，若是有人讓你有這種感覺，有可能潛意識覺得「希望成為那樣的人」、「太賊了，他竟然擁有我想要的東西」。

步驟 2 探索有用的與需要的

步驟2是要站在他人的立場，探索「對別人有益之事」。

如前面所提到的，工作是為了「提供價值」以及「解決別人的煩惱與困擾」。我們付出金錢，藉此獲取物質、人才、服務等各方面的協助。請回顧日常生活的情景：我們有洗衣機代勞，不必用手洗衣服；多虧賣場販賣熟食，也節省了下廚的手續及時間。

這次請站在提供者的立場，思考自己能替別人做些什麼？當別人遇到困難時，自己是不是有辦法解決。

請參考自己在第一〇二頁work 02所引導出的優勢，回答下一頁work 04的問題。

事前準備：探索有用的與需要的

Q1

身邊是否有人遇到困難或有煩惱？

你有辦法替對方處理或解決麻煩或困難之事嗎？

Q2

你有過解決煩惱的經驗或克服困難的體驗嗎？當時情況如何？

接下來爲各位解說work 04的內容。

Q1……身邊是否有人遇到困難或有煩惱？

你有辦法替對方處理或解決麻煩或困難之事嗎？

對方的困難或煩惱若是對你而言不難解決，便可以替他處理或者傳授解決之道。

假設你擅長高效處理工作。如果適時教對方掌握工作進度的訣竅或安排行程的方法，也許對方會十分開心。

Q2……你有過解決煩惱的經驗或克服困難的體驗嗎？

當時情況如何？

解決煩惱或克服困難的經驗談，對於有類似煩惱的人來說是一項寶貴財產。

假設你因爲不擅言辭而不敢在人前說話，但是很擅長花時間與心力製作簡報，也因此獲得肯定。其中一定會有人想知道如何下功夫、如何克服製作過程中的困難。因爲自己是當事者，才能分享自身的經驗，並對擁有類似煩惱的人感同身受。

事實上，有許多成功解決煩惱的人藉著活用這項經驗而活躍於各個領域。我以內向人諮詢師的身分展開活動，也是因爲擁有克服「內向人」自卑感的經驗。**過往的自卑或煩惱，有可能成為創造商機的一大線索。**

「我做了work 04裡的問答，還是不清楚自己有什麼用處。」這樣的人請務必瀏覽「coconala」、「Street Academy」（參照第二三一頁以後的內容）這類技能分享網站。

技能分享網站有上班族、家庭主婦、自由工作者等各式各樣的人發布了五花八門的技能與服務，讓瀏覽網站的人利用他們所提供的服務或學習技能。**其中不乏令人驚訝的項目，「這項服務這麼受歡迎啊！」**光是看看人們對什麼樣的服務有需求，自己也較容易有概念，「如果是這類服務，我應該做得到吧。」

專訪企業或商務人士的電視節目裡也藏著大量線索。我最常看的是《寒武紀宮殿》（カンブリア宮殿，東京電視台）、《充實星期一！！》（がっちりマンデー，TBS電視台）、《七道規則》（セブンルール，富士電視台）。成功的企業或商務人士，都懂得「提供價值」以及「解決別人的煩惱與困擾」。

當然，沒必要以創一番大事業爲目標。請抱著「練習以提供服務的立場來思考」，享受學習的樂趣。

步驟3
嘗試體驗活用內向人的優勢

接下來請試著體驗步驟1「喜歡什麼（想嘗試什麼）」與步驟2「有用的與需要的」所列舉的內容。

暫且不管勉強擠出來的答案，先積極嘗試自己想要躍躍欲試的項目。

「現在就嘗試會不會太早？」或許有人會感到驚訝，但既然要嘗試體驗，當然是愈早愈好。畢竟有許多事情要實際做做看才知道行不行得通。

這並不是眞正的開始，只是「嘗試」而已。

內向人做事情往往謹小愼微，面臨重大決斷時若是覺得風險太大，就會感到強烈不安而選擇維持現狀。因此，不如先小試身手挑戰自己能做的事，再來思考下一步如何行動。感覺就像在麵包店試吃一輪，再來決定買哪一種。**抱著「先嘗試再決定」的心態，先從累積幾個小決定做起，這樣的做法比較適合內向人。**

嘗試體驗時有兩個重點。

第一個是**「選擇能以最低成本解決的方式」**。

目前還處在摸索可能性的階段，覺得「有證照比較好」而付出大把金錢與時間去學習，或是認爲「工欲善其事必先利其器」而購買昂貴備品及器材，一旦「試過但不適合自己」，這些便成了無用之物。不僅如此，還會增加自己對於嘗試體驗的心理負擔。

第二個是**「不以賺錢為目的」**。

愈認眞的人也許更在意結果，但是這個階段的目的僅是「增加經驗值」。想要賺錢則需要做好相應的準備，難度也會提高。因此，賺不到錢也沒關係，最重要的是趁著熱情還未消退，儘早付諸實行。

接下來爲各位介紹四種嘗試體驗的具體執行方式（關於各網站的說明，參照第二三一頁以後的內容）。

①利用群眾外包網站接案

群眾外包網站是爲企業和自僱人士等想要委託工作的一方，以及想要接案的一方牽線的媒合網站。最具代表性的便是「CrowdWorks」、「LANCERS」等等。從回答簡單問卷調查的工作，到開發應用程式等需要專業技術的工作，難易度不等且包羅萬象的豐富工作機會盡在網站裡。

應徵案件若是獲得錄用，就能立即開始工作。交件或完成時當然也會得到一筆報酬。

②論件計酬兼職

服務接待人員或活動工作人員這類無法居家從事的工作，可透過論件計酬或短期兼職的方式嘗試看看。

發布在打工應用程式「Timee」的案件，不需登錄或面試就能立刻上工。可利用空閒時間，在自己方便的時候從事想做的工作。

③請熟人幫忙

身邊有朋友從事自由業或副業嗎？不妨問問他們是否有店鋪接待或行政作業等工作需要幫忙。請向對方說明想找工作的理由，並提出有助於對方的提案。

若是想以諮商師或講師等身分提供自身的服務，不妨先免費請朋友體驗看看。屆時務必問問朋友的感想，筆記下來。「解說不好懂」、「時間再短一些比較好」、「希望諮詢這類主題」，這些直言不諱的意見，將成爲了解客戶需求與滿意度的寶貴資訊。

④利用技能分享網站

建議可以試著將自己所能提供的技能、知識、服務發布在技能分享網站。最具代表性的網站有「coconala」、「Time Ticket」、「Street Academy」等等。只需填寫服務項目的內容說明及價格等必填事項就能發布。不過，發布之後不一定立刻有人報名。可同時採取①到③的方法多方嘗試。

「我實在想不出自己特別想做什麼或喜歡什麼……。」在這個階段感到茫然也沒關係。倒不如說，絕大多數都是如此。經過嘗試體驗後，通常會找到自己想做的以及喜歡的事物，最重要的是秉持耐心慢慢培養。

首先試試「自己目前能做的事」。

爲了「尋找喜好」而陷入茫然無措時，再怎麼想破頭也是浪費時間。這個階段的**通關密語是「小試身手」**。對於沒做過的事情，當然不曉得哪裡有趣、哪裡適合自己。

內向人小知識

內向人擅長一個人思考，但有時候會受制於自己的想法而使眼界變狹隘。因此，偶爾接受刺激也很重要，例如「向了解自己的人傾訴」、「接觸不同類型的人的價值觀」、「親身前往陌生的土地」。

步驟 4

回顧省思

鼓起勇氣嘗試體驗的感覺如何呢？體驗過一次後，請靜下心來回顧work 05，並將心得感想寫在下一頁。

嘗試體驗後應該有不少新奇體會，也比以往了解更多吧。各位若是因此收穫許多體悟，我也非常開心。

事前準備：回顧嘗試體驗的結果

Q1 嘗試體驗的結果愉快嗎？

詳細情形如何？

Q2 是否感到茫然不安？

詳細情形如何？

Q3 是否發生令人開心的事？

詳細情形如何？

Q4
是否覺得比預期的容易？

詳細情形如何？

Q5
是否覺得比預期的困難？

詳細情形如何？

Q6
是否有活用內向人的優勢？

詳細情形如何？

第一四二頁起訪問了兩位內向人實踐步驟1至步驟3的心路歷程。請務必參考看看。

步驟5 擬訂今後的計畫

做完步驟4的回顧省思後，「我還是不知道體驗過後的工作真的是自己想做的嗎？」若是還有這樣的疑慮也沒關係。

「很愉快」、「很有趣」、「再努力看看」、「下次這樣做吧」，**如果感受到一些正面回饋，不妨繼續嘗試一陣子**。

嘗試過程中難免遇到力不從心或進展不順的情況，請不要為此裹足不前。反過來說，如果完全感受不到任何正面回饋，也許那份工作不適合自己。

「想要體驗其他工作」的人，請踴躍嘗試。試過後別忘了步驟4的回顧省思。多方體驗後，接著逐步鎖定想以副業的形式持續下去的工作。重點是以「單純覺得有趣」、「能活用內向人的特質」、「希望更上層樓」爲判斷基準。

與此同時，請試著暢想未來嚮往的工作模式，並將它寫在第一四〇頁的work 06。

首先，**請再次確認「不依賴公司組織的工作模式真的是自己的目標嗎？」**

接著想像不久的將來的理想願景（一下子想像十年後的情景也許有些困難，這裡以最長三年後爲限）。請想像自己想成爲什麼樣的人、希望採用什麼樣的工作模式。

先立下未來的目標，再往前推算，較容易規劃自己目前應該做什麼。

順帶一提，平時若是有**「多創造幾個小筆收入來源」的概念，更有機會實現自己想要從事副業或自由業的理想**。舉例來說，突然發下豪語「我要成爲月入十萬日圓的寫手」，門檻未免定得太高。但是將目標改成「月入五萬日圓的寫手以及月入五萬日圓的講師」，像這樣同時搭配幾份工作，是不是覺得比較容易實現目標呢？

此外，若是耗費數月卻不見成果，代表這份工作極有可能不適合自己，或者採用的方法不對。

因爲有些部分很難自己做決定，不妨請教有經驗或是有實績的人。請務必向了解內向人的人傾訴。周遭若是沒有適合的人選，也可利用社群網站等管道。

多創造幾個小筆收入來源
更有機會實現副業或自由業
這類工作模式
講師
寫手
行政事務

事前準備：擬訂今後的計畫

Q1 嚮往不依賴公司組織的工作模式嗎？

Q2 希望三年後是什麼樣子？

Q3 希望一年後是什麼樣子？

Q4

希望半年後是什麼樣子？

Q5

為了實現理想，

想從事什麼副業以及如何達成呢？

Q6

這個月想嘗試體驗什麼呢？

嘗試體驗時的課題是什麼？

「嘗試體驗過」活用興趣與優勢的工作 前輩訪談

CASE① 活用興趣挑戰販售手作飾品
（I小姐，三十多歲）

Q 想要從事副業的理由是什麼？

A 無法想像自己一直待在職場裡工作。

職場裡有愈來愈多後輩，上司交代我負責教育與管理他們，可是我最大的困擾是與他們溝通不良，這也是我想離開職場的原因。「自己都是半吊子，還想指導後輩。」真是情何以堪……。我覺得自己已經盡力了，可是上司總是批評我做得不夠好。

再加上這間公司有很多人待了一到二年就辭職，所以我也不認為自己能待很久。後來，我對工作逐漸失去熱忱，開始想著「總有一天要辭職」。

Q 嘗試體驗的過程中，什麼事情讓你感到茫然不安？

A 害怕自己會失敗，也在意別人的看法。

我曾感到不安，「萬一一事無成，什麼都沒改變怎麼辦？」我也想過，「要是朋友知道我還做其他工作就糟了」、「要是他們用質疑的眼光看我，很丟臉啊」。

儘管如此，我比以前更渴望「在工作中找到成就感」，比起茫然不安，我更想要「改變自己」，於是決定鼓起勇氣踏出一步。

我的座右銘是「與其不做而後悔，不如做了再後悔」。雖然我是生性內向又愛想東想西的平凡人，但是我覺得自己的成長意欲比以前強烈許多。

Q 選擇工作的關鍵是什麼？

A 自己喜歡且能發揮長處，也能讓我「樂在其中」。

我根據自己擅長的以及喜歡的事物，還有ゆかり小姐建議的選項，決定嘗試販售手作飾品。我從以前就很擅長美術和手工藝，也曾出於興趣製作飾品送給朋友。

事實上，因為這是我喜歡做的事，所以製作飾品一點也不辛苦。一想到朋友驚訝地說：「這是你做的啊？好厲害！」我就真的覺得「自己很擅長製作手工藝品」。

Q 覺得哪個部分比想像中還要難？

A 將作品發布在網路上。

能夠販售手工藝品的應用程式有好幾種，可是我不知道商品的文案怎麼寫比較好，實在傷透了腦筋。再加上我拿自己的作品跟人氣手作家豐富多采的商店頁面相比，感覺更焦躁。

Q 哪件事情讓你感到開心？

A 看到顧客開心的模樣時。

當我把商品放在朋友的店鋪裡寄賣，有顧客覺得飾品「好可愛！」就買下來。也有小女生同一天來店裡兩次，每次都買了我的飾品。

以往會把自己做的飾品送給朋友，這還是第一次面對面賣東西給陌生人。我很感激有人願意付錢買我的飾品，更開心能夠看到顧客的笑容。我也因此意識到，「能讓人們開心，對我來說很有成就感。」

此外，當初以為自己適合一個人默默工作，沒想到「我也渴望與人交流」，這一點讓我非常驚訝。

Q 什麼時候可以活用內向人的優勢？請說明是哪一種優勢？

A 發揮想像力，還有一個人專心創作的時候。

一個人專心創作的時候吧！

尤其是在思考飾品的設計與色彩，還有盡情發揮想像力的時候，更覺得能活用內向人的優勢。因為運用想像力創作飾品，很適合我的個性。

Q 請對內向人說句話。

Ⓐ 了解內向人的特質，有助於自我肯定。

我從小就是怕生又不敢表達自己的內向人。

那時候年紀雖然小，卻一直試著「變成外向人」。儘管後來明白自己「再怎麼努力也成不了外向人」，但是自卑感始終揮之不去。

直到遇見ゆかり小姐，她讓我明白轉個念頭就能海闊天空，過去認為是「缺點」的部分，實際上是內向人的「特徵」，我真的感覺自己被拯救了。雖然我還是無法八面玲瓏地跟人談天說地，但我慢慢喜歡在居酒屋和鄰座的陌生顧客談談工作與人生。

我目前還在摸索理想的工作模式，不過，我很慶幸自己能在了解內向人特質後，學會自我肯定。

CASE② 挑戰有生以來第一次的寫作行業！

（H小姐，二十多歲）

Q 想要從事副業的理由是什麼？

A 無法想像自己十年後還在目前的公司裡工作。

以前有個偏見，認為「只要當正職員工就會很幸福」，可是，真正當了正職員工開始工作，卻沒有因此感受到幸福。每個人都為了自己的業績拚死拚活，人際關係也不融洽。我無法想像自己未來還繼續從事這份工作，開始有了危機意識，「再這樣下去就大事不妙」。

我前陣子曾做過優勢識別（Strengths Finder），因為診斷結果出現「内向人」一詞，於是上網查詢相關資料，找到了ゆかり小姐的推特。我因此對於副業這種工作模式滿懷期待，想要嘗試體驗看看。

Q 嘗試體驗的過程中，什麼事情讓你感到茫然不安？

A 沒有引以為傲的技能，不覺得自己真的能做到。

不過，我的直覺告訴我，「不挑戰的話會後悔」。我向來是光想不做、只會選擇維持現狀，但這次產生了危機意識，覺得「繼續做目前的工作，我可能會變得愈來愈麻木」。我心想，「不試試看的話，不知道下一步怎麼走。」所以決定挑戰看看。

話雖如此，但我不知道自己能做些什麼，因此請ゆかり小姐幫我列出幾個工作選項。其中有一項讓我覺得「似乎可以立即挑戰看看」，也就是寫手。

Q 嘗試體驗之後，覺得哪個部分比想像中還要簡單？

A 接到案子的時候。

我沒有寫作技巧，也沒有任何經驗。甚至幾乎沒寫過長篇文章。剛開始有點放棄，覺得「大概接不到工作吧」，但是當我在「Crowd Works」應徵撰文的職缺，竟然馬上接到委託，令我非常驚訝。

我一開始嘗試撰寫的是詳細規定內容及文章結構的短文，還有活用過去和美容相關的工作經驗，撰寫與美容有關的文章。

這類工作很長只需免經驗或是菜鳥也能勝任的簡單工作，所以初次嘗試寫手工作的人挑戰起來也不會太難。

Q 覺得哪個部分比想像中還要難？

A 如何兼顧正職工作。

我還在摸索如何調整時間趕上截止期限，不過，現在發現自己慢慢懂得有效率地安排行程了。當初把下班回家後的時間全都用來從事副業，卻常常因為太累而腦筋轉不動……。我本來就是晨型人，目前大多是在上班前寫稿。

此外，我會把需要花腦筋的撰稿作業安排在早上，挑選文章配圖這類不必太花腦筋的作業則是安排在晚上。

Q 哪件事情讓你感到開心？

A 確實感受到自己的技能提升了。

事實上，我過去幾乎沒在碰電腦，所以一開始先去買了一臺電腦。起初用電腦工作還覺得很新奇，現在覺得自己正慢慢提高寫作方面的知識與寫作能力。我覺得一方面透過YouTube等網站學習寫作的相關技巧，一方面接案付諸實踐的效果十分有用。

我現在已經開始挑戰需要自行安排文章結構、思考策略增加文章點閱率的高難度案件。

Q 什麼時候可以活用內向人的優勢？請說明是哪一種優勢？

A 縝密計畫的能力。

我是凡事都要經過縝密計畫才敢行動的人，這項能力倒是得以活用在寫手的工作上。萬一當天應該做的工作無法如預期完成，我可以立即擬定應變計畫。

Q 請對內向人說句話。

A 往前踏出一步後，不但會有各式各樣的發現，也會有所成長。

往前踏出一步，是非常需要勇氣的一件事。我也曾經裹足不前長達半年，想著「我還是放棄吧」、「失敗的話很難堪啊」。

然而，一旦踏出一小步，視野會開闊不少。可藉此了解自己的不足之處，也能找到前往下一步的線索；與踏出第一步相比，邁向下一步顯得容易許多。自己確實能比以往有所成長。

我也有了新的目標，「將來要當講師教導對寫手一職有興趣的人，也想挑戰進貨販售的商品銷售行業。」換作是幾個月前，我根本不敢做這個夢。

就算進行得不如預期，反正只是踏出一小步，並不會造成致命傷害。隨時都能加以修正。我倒覺得一邊嘗試錯誤一邊修正，慢慢地穩步前行也不錯。

內向人經驗談
人際關係篇

插不進四人以上的聊天小圈子

「我會不會得罪他？」「說這些話會不會冷場……？」顧慮太多，就會錯失插話的時機。

容易對不害怕沉默的人敞開心扉。

一對一的時候更能打開話匣子。

不喜歡全是陌生人的交流會或派對。尤其是立食派對，難度實在太高。

好不容易找到談話的對象，當他的朋友出現時，頓時感到絕望……。

第 6 章

創造及拓展自己的服務與商品

提供自己的服務與商品

「將來不打算在公司組織裡工作，想當一名自由工作者。」
「希望從事副業，維持一筆穩定且過得去的收入。」
接下來將爲有心在個人事業上大展拳腳的人，解說下一階段的內容。

前面提到以個人名義工作有兩種方式，**「自企業或自僱人士等客戶承包工作」**以及**「提供自己的服務或商品」**。

以前者爲例，首先要有委託工作的對象，工作才有可能成立。當工作獲得肯定，口碑傳開來，也許便能接到新案子。

至於後者，需要自行思考服務與商品的內容，並且活用技能分享網站（參照二三一頁以後的內容）和社群網站等管道推展促銷活動與招攬顧客。內向人諮詢師，便是我的獨創服務。

至於哪一種方式比較好？在此無法一概而論，但我由衷期盼「有更多人能實現活用內向人特質的工作模式，**藉著提供獨創服務以個人名義展開工作**」。

創造自己的服務與商品的三大好處

建議最好有一份能提供獨創服務與商品的工作之理由有三個。

①可自由安排行程

若是承包工作，內容與截止期限都有規定。常聽到許多自由工作者因爲承包許多案件，導致每天疲於奔命趕著交件。

因此，若是能以個人名義提供獨創的服務及商品，便**有可能照自己步調安排工作行程**。

②兼顧承包的工作分散風險

除了承包的工作以外，若是另有一份工作提供獨創的服務及商品，不但**能增加收入來源，也可以分散風險。**

以寫手爲例，除了撰稿的工作之外，如果活用寫手經驗擔任講師，傳授「投入寫手行業月入五萬日圓的祕訣」，便能增加更多收入。當自己擁有多重收入來源，其中一項還是提供獨創服務及商品的話，不就是極爲可靠的分散風險項目嗎？

③沒在工作的時間也有可能賺取收入

例如寫手一職。若是採用承包案件的工作模式，就一定要寫文章才能賺取收入。因此，當身體不適而無法工作，便少了收入來源。與其如此，不如將寫文章的方法和祕訣整理成文章或影片，投到「note」作品集網站販售吧？當你在從事其他工作或用餐時，其實也能利用沒在工作的時間販售商品賺取收入。

換句話說，**若是能創造不必經常動手製作也能增加銷量的服務與商品，不必消耗自己，同樣能賺取穩定的收入**。

此外，經歷過的煩惱與挫折等**所有體驗，全都能在創造自己的服務及商品時派上用場**。這一點在我販售自己的服務時感受特別深。

我曾因爲身爲內向人而煩惱不已，始終抱著自卑感。然而，正因爲有這樣的過往，才有許多顧客「願意找我談談」。因爲可以活用經歷過的煩惱與不順遂，讓我覺得自己正藉著每一次工作達到自我救贖。

活用內向人才有的煩惱經驗，提供獨創的服務。我深深覺得這就是一種「活用內向人特質的理想工作模式」。

並不是所有人都要投入「自行創造並販售服務與商品」這類商務模式才行，但是從賺取穩定收入這一點來看，建議可以將這項策略納入考量。

內向人小知識

想要活出內向人本色的第一步，便是找到願意坦然接受你的人，可以是家人或朋友，也可以透過社群網站認識內向人夥伴。即使只找到一個人，便足以讓你覺得「做自己也很好」。

創造自己的服務與商品的方法

你能提供哪些服務及商品呢？

請以三項重點爲主軸，具體思考看看。

①能解決什麼樣的煩惱？

我要再次強調，工作的定義是「提供價值」或「解決別人的煩惱與困擾」，並以此獲得金錢報酬。因此，首要之務是了解「自己能解決什麼樣的煩惱」？

舉例來說，假設「你會說英語，所以能教英語能力不佳的人」。

然而，光是如此還不夠明確。你有預估英語不佳的人現階段的英語能力大約在什麼程度嗎？是否懂得中學程度的單字？或是能夠日常對話？

接著進一步思考，對方爲什麼想要學會說英語呢？因爲想住在國外？想結交外國朋友？或是工作上的需要？

教學內容會因爲對方目前的英語能力、學習英語的理由、最終目的等因素而大幅改變。因此，請先**根據自己所能提供的技能與知識，思考自己能解決什麼樣的煩惱**。

②什麼樣的人在煩惱？

了解自己能解決哪一種煩惱的同時，也要想像自己是針對什麼樣的人提供服務與商品。年齡、性別、職業、家庭結構等等，請鉅細靡遺地具體想像。

進一步延伸思考前面提到的英語會話範例，可以想像對方是剛從學校畢業進公司兩年的粉領族，因爲對海外旅行有興趣，所以「希望與當地人溝通交流」；或者是三十多歲的商務人士，因爲調任需要用到英語的部門，所以「希望早日學會商務英語」。諸如此類，應該能想像出各種人物形象。

想必各位也能理解，**目標對象一改變，教學內容自不用說，連帶會話的主題選定、教學方式、教材、攬客時的宣傳重點也要跟著改變**。如此一來，是不是比單純「想教英語會話」更有概念、也能想像得到自己教英語會話的情景？

請設想目標對象會有的煩惱以及自己所能做的事，尋找是否有能幫目標對象解決問題的具體方案。例如「針對二十多歲女性的實用旅遊英語會話」、「針對上班族的商務英語會話」等等，請盡量寫出各種可行方案。

若是難以想像哪一種人會有什麼樣的煩惱，不妨尋找已經以個人名義從事該項工作的人（可至多次介紹的「coconala」、「Street Academy」等網站搜尋關鍵字「英語會話　課程　個人」）。

知名度愈高的人，對於目標對象設定得愈明確，「我能解決哪一種人的什麼煩惱」。請參考前輩的服務內容與宣傳方式。

③使用你的服務與商品之後，未來將會如何？

最後，請想想顧客選擇你的服務與商品之後的「未來」。不管是針對哪個對象設計哪一種英語會話課程，追求的目標全都是「能開口說英語」。這裡所說的

「未來」，指的是「若是展現成效，對方的人生所產生的正面改變」。

就算大聲宣傳「我會讓你開口說英語」，也不能成爲顧客從眾多英語會話課程中選中你的關鍵。

「只要敢開口與當地人聊天，對自己會更有自信喔。」

「若是提升英語能力，不但在職場裡的重要性大增，與周遭的人際關係也會更順遂。」

換個說法如何呢？對於裹足不前的人來說，或許覺得這套課程很有吸引力。

如果能基於「若是展現成效，未來將會如何？」這項預設再來規劃服務與創作商品，顧客就有「理由」委託你。不妨思考能讓人聯想到「未來」情景的表現方式。

截至目前爲止爲各位解說了如何創造自己的獨創服務與商品，但是也有人對自己沒信心，認爲「我的程度還不足以教導別人」、「這種事情每個人都知道吧……」。

我能理解這樣的心情。

剛從公司辭職成爲自由工作者時，我也面臨同樣的煩惱。當時我憑著販售進口商品的副業經驗，著手準備「挑戰講師一職，教導如何從事販售進口商品的工作」。然而，同行裡有不少人做得比我還成功，讓我十分擔憂，覺得「我是不是沒資格教人家啊……」。

後來與我的老師詳談，他給我寶貴的建議，讓我產生無比的勇氣。他說：「跟資深的講師相比，你應該更能體會初學者的不安，相信也有人想了解同時照顧到正職、副業及家事的人的經歷吧。」我便懷著忐忑的心情宣布開設講座，隨著報名人數維持穩定，我的講師工作也步上了軌道。

強中自有強中手。實力、實績、知名度比你高的人確實多不勝數。然而，**人外有人，天外有天**。不必勉強自己，**請以初學者的觀點思考自己能力所及之事**。

內向人小知識

了解自己除了內省之外，也需要「與人交流」。因為我們常會從對方不經意的話語或意想不到的提問獲得莫大啟發。喜歡獨自思考的內向人，也要好好尋找能讓自己敞開心扉的談心對象或諮詢對象。

如何讓別人了解自己的服務與商品

決定服務與商品後，接下來請盡量多宣傳自己擁有的知識、想法以及活動內容。

此時可**雙管齊下**，採取**「守株待兔策略」將服務與商品發布在技能分享網站；並且如下頁所示，同時以「主動出擊策略」利用社群網路服務廣為宣傳。**

具有傳播力的「推特（Twitter）」

可發布一四〇字以內的文章、圖片與影片。若是有人回推（Retweet，關注自己喜愛的推文即可與人分享的功能），資訊的傳播力更驚人。

以文章的形式發布也很受歡迎的「Instagram」

可發布照片及影片。適合以視覺傳達商品魅力的商品銷售行業，但是最近除了照片以外，以文章的形式發布也很受歡迎。諮商師或講師等希望提供無形服務的人不妨試試。

發布長篇文章或連載可使用「部落格」

可將文章像日記一樣按照時間順序公開，也可當作自己的個人網站。適合發布長篇文章或連載。利用「Ameba Blog」、「Hatena Blog」等網站，可立即免費建立部落格。

能以收費方式販售發布內容的「note」

能輕鬆發布文章、照片、音樂、影片等內容的服務。因爲能以收費方式販售發布的內容，可善加利用當作穩定的收入來源。

可藉投放廣告獲利的「YouTube」

影片分享網站。優點是可讓觀眾接收到本人的表情與聲音，容易產生親切感。頻道訂閱人數達到一定標準後，便能獲得投放廣告的權利，也有可能藉此獲利（需經過審核）。

儘管如此，起步階段仍是籍籍無名。就算一開始便宣傳自己的服務與商品，也吸引不了人上門。再說，突然有個來路不明的陌生人強迫推銷商品，也會令人反感吧？

即使發布訊息的目的是爲了將自己的服務與商品送到需要的人面前，剛開始也**不要把這些社群媒體當成廣告宣傳的工具，而是當作建立信賴關係的交流工具，善加運用社群網路服務。**

活用社群網路服務的三大步驟

如果要讓別人意識到你的重要性，應該怎麼做才好？

接下來將分成「提供價值」、「溝通交流」、「介紹」三項步驟為各位說明活用社群網路服務的方法。

這並不是一蹴可幾的事。必須花時間讓別人認識你，逐步建立起信賴關係，因此，**至少需持續發文三個月**。

此外，**重點是穩定發布訊息（最好是每天）**。可配合目標客群，趁他們可以偷閒上網瀏覽的時段發布訊息。舉例來說，如果對象是上班族，就在下班回家的夜間休息時段；對象若是有孩子的媽媽，就在孩子去幼兒園之前的時段。還有一個重點，內容**不要一味宣傳自己，而是要發布有助於解決對方困擾的「有用資**

訊」。

步驟1　提供價值

【目的】

讓別人認識自己。

↓吸引**追隨者**

首先要多發布目標客群想要知道的資訊。例如英語會話，可發布「餐廳速效實用短句」、「發音訣竅」、「背單字祕訣」等資訊。請鉅細靡遺想像顧客可能面臨的煩惱，並用自己的方式傳授解決之道與建議。

發布的主題若是有一致性，就會慢慢吸引對主題有興趣或關注的人。此外，如果有人以後想確認你有沒有發布新的訊息，就會追蹤你的帳號，成為你的追隨者（使用追蹤功能掌握你的最新動態，藉此確認是否發布新訊息的人）。

透過發布訊息讓不特定多數人認識你，也許吸引的不只是顧客，還包括潛在的商務夥伴。

我當初是把自己對於內向人的學習要點發布在推特上。後來建立Instagram帳號，以開辦內向人專屬雜誌的形式，發布有助於解決內向人煩惱的相關文章，例如「內向人的優勢」、「外出疲勞的因應之道」、「害羞人的人際溝通方法」等等。

步驟2　溝通交流

【目的】

與對方建立信賴關係，蒐集現實生活中的煩惱。

↓成爲自己的**粉絲**

持續提供價值，追隨者就會慢慢增加。習慣發布訊息後，接下來可試著與追隨者展開互動。

可積極回覆對方的留言，詢問**「有什麼問題想問我嗎？」**、**「有想要了解的**

主題嗎？」等等。不必直接面對面，同樣能透過留言互動一下子拉近彼此的距離。這麼做可讓追隨者了解你的個性，也會有愈來愈多追隨者對你產生安全感及信賴感。

我則是投注更多心力在Instagram上，十分注重與追隨者的互動。我常舉辦問卷調查，例如「內向人的哪一種特質讓你覺得困擾？」並且參考大家的回答發布新的訊息。我也使用可讓觀眾直接留言聊天的「Instagram Live」直播功能，安排線上諮詢煩惱的活動。我的事業內容中有一項「內向人工作模式支援服務」，推行之初也參考了大家的意見。

如此一來，對你發布的資訊感興趣而**成為追隨者的人，與你互動交流後便有可能升級成「粉絲」**。

透過互動交流可即時蒐集對方爲何煩惱的相關資訊。若是能根據資訊改善發布內容與服務內容，往後提供的資訊會更有益處。

此外，除了自己的追隨者以外，若是有一般網友純粹覺得發布的資訊不錯而留言「很有用」、「很棒」，也要主動交流給予回應或按讚。

對於所有內向人來說，要對著陌生人說話確實需要勇氣，但是透過網路溝通交流應該比較容易開口。因為可以慢慢推敲文字，在自己喜歡的時間點發布，即使不擅言辭也無所謂。不必想得太複雜，請**當作「練習溝通」或「練習輸出」，樂在其中即可**。

順帶一提，若是懷著「想出名」的企圖心，絕對瞞不了對方。動機不純會留下負面印象，**請務必以真誠的心與人交流**。在看不見臉的社群網路世界，也請別忘了應有的禮儀與關懷。

步驟3　介紹

【目的】

提供實際的商品與服務，並蒐集回饋改善內容。

↓成為自己的**顧客**

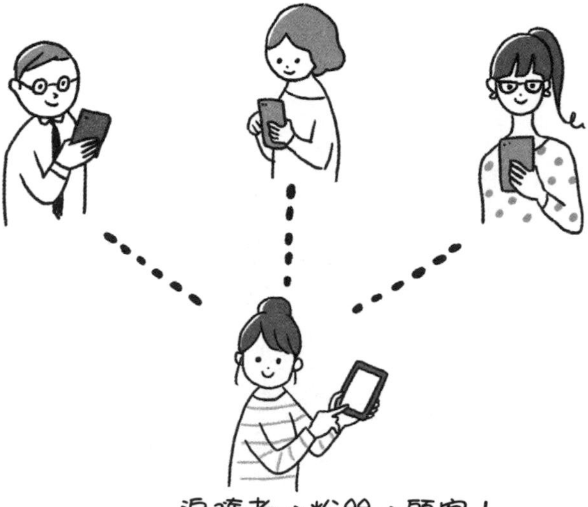

與粉絲的交流持續約三個月後（時間爲粗估），接下來終於可以運用長久以來透過社群網路建立起來的關係，介紹自己的服務與商品。這時可以將內容、價格、提供形式（若是無形的服務，可註明是面對面或線上互動）、付款方式等項目簡單彙整後發布出去。

不過，**剛開始提供商品與服務的目的不在於銷量，而是創造「實績」**。草創時期的實績，指的是「顧客的口碑」、「將服務與商品實際提供給第三者的經驗值」。因此，**建議一開始可免費或以優惠價格提供商品與服務**。

爲什麼有必要做到如此地步？

請想一想。假設上網搜尋餐廳，有兩個餐廳選項。一個沒有任何口碑，另一個則有十個口碑——你是不是會想選後者呢？

這種心態在心理學的專有名詞是「溫莎效應」（Windsor effect）。比起本人親口說的資訊，人們更相信透過第三者所聽到的資訊，感覺更有說服力。

商務領域也是如此，**看重的是口碑或是有人親身使用過的實績**，因爲擁有龐大影響力。

若是眞的有人報名，自然要盡心盡力對待，也要記得**做問卷調查了解顧客的真實感受**。

利用問卷詢問「報名的理由」、「優點」與「缺點」等問題，立刻著手改善應該加強的部分。同時別忘了**將問卷內容與實績發布在社群網站，為自己的工作宣傳一番**（發布時別忘了徵詢當事者的同意。此外，以免費或優惠價格提供服務與商品時，可用同意刊登問卷內容爲條件。接著尋適當時機，介紹正常的價格）。

「實績」與「顧客的口碑」，會為你招攬顧客。

內向人小知識

若是想知道對方是內向人還是外向人，不妨問問：「覺得疲倦的時候，你喜歡怎麼度過呢？」回答「去外面玩」、「跟大家一起熱鬧度過」的人有外向人的傾向；回答「在家休息」、「一個人悠閒度過」的人有可能是內向人。

內向人獨有的戰略①

回顧省思才能增強思考力

內向人在創造及宣傳自己的服務與商品時，若是陷入兩難境地，該如何處置？接下來將未雨綢繆，爲各位介紹應對方式。請務必記下來，以便不時之需。

內向人處理資訊時通常會花不少時間，畢竟是三思而後行的類型。此外，也有不少人容易沉浸在思緒裡。請務必將內向人的其中一項「思考力」優勢，運用在工作上。

相信有許多人聽過「**PDCA循環**」一詞。

→ **P（PLAN）＝規劃**

D（DO）＝執行

↓

C（CHECK）＝檢查

↓

A（ACT）＝改善

這是藉由反覆實行這項循環提升工作成果與效率的方法。

首先要掌握現況並分析課題，接著規劃解決方案付諸實行。再回顧實行的結果加以改善。

甚至可以說，**左右成功的關鍵，便在於自己是否反覆實行這項循環。**

在一開始的「PLAN（規劃）」階段運用內向人特有的思考力固然重要，但是想太多而裹足不前則是毫無意義可言。如我一再強調的，絕大多數的事情要親自做了才知道是否可行。

首先「PLAN（規劃）」，再盡己所能逐步「DO（執行）」，並趁著

「CHECK（檢查）」時回顧省思，著手「ACT（改善）」。接著再繼續規劃下一步。

回顧省思的過程需要一些資訊。例如一天的活動內容、作業所需時間、做得到的事、做不到的事、感想與反省之處等等，最好每天將這些記錄下來。

內向人獨有的戰略② 腳踏實地執行長期計畫

請花費半年至數年時間穩固實力，用自己的名字、服務與商品開創事業賺取收入。

一般來說，內向人接受外來刺激的容量比外向人小。大幅改變所帶來的刺激對內向人而言太過強烈，還是一步一步慢慢往上爬比較好。所以**我們在這個階段的重點是「小試身手」**。

想要發展自己的服務與商品，不妨先透過正職維持必要收入，再以副業的形式起步。請盡量在不耗費成本的情況下嘗試各種可能。

剛開始不需要做好萬全準備，也不必要求立刻做出一番成績。**小試身手→回顧省思→再次小試身手……請抱著長期作戰的心態，一步一步向前行。**

內向人獨有的戰略③　練習將想法轉成語言

雖說我們不需要像搞笑藝人那樣妙語如珠，但是**一定要具備從事任何工作都需要的「表達自我想法的能力」**。尤其是想要發展自己的服務與商品，這項能力更是不可或缺。畢竟要讓別人知道你獨有的訴求與魅力。

話雖如此，但是內向人往往習慣反覆思考整理思緒後再開口。應該有不少人沒辦法立刻說出心裡想說的話，且因爲臨場反應不夠快而不敢在別人面前開口吧？

不擅言辭的內向人若是想要鍛鍊表達能力，我的建議是**「養成轉成語言的習慣」**。

轉成語言指的是「將想法整理後用語言表達」。請先自行設定各種主題，練習將想法與解釋寫成文章。這麼做可**增加腦袋裡的儲備，日後要表達自己的想法或回答問題時，就能順暢地說出來**。

正因為內向人要先整理思緒才敢開口，只要將想法整理好，就能確實表達自己的意見。何況內向人本來就擁有思考力這項利器，輸出的品質自然不錯。

換句話說，**與其鍛鍊表面的口語表達能力，不如持續練習將思緒整理好後轉成語言，更能發揮內向人的優勢**。

請先**練習將自己的情感轉成語言**。不妨先從臨睡前寫日記開始，藉此回顧這一天。建議趁著記憶猶新時，在筆記本或備忘錄應用程式寫下瀏覽社群網路、新聞或觀看電視節目等的心得感想。這是針對自己的輸出，請按照自己的步調認真書寫。

剛開始也許無法立即把想法轉成語言，儘管需要花一些時間，但持續一陣子就能習慣成自然。

慢慢習慣後，我也建議將自己的想法發布在社群網路或部落格。

我現在把推特當記事本使用，每天都在上面發布內向人的特徵、新學到的知識，還有自己的所思所感。我也將內向人的相關知識與解決煩惱的訣竅輸出成文章發布在Instagram。有時候也會把過去的煩惱或剛從事副業的心路歷程以連載方式寫在部落格。

如今我生活的一部分，便是隨時思考自己的服務主軸，也就是與內向人有關的一切，並將它轉爲語言。我感覺腦袋裡的話題儲備不斷增加，爲客戶諮詢也愈來愈得心應手，就像把需要的素材從腦袋儲備裡抽出來即可。當應對變得從容，自己也會產生信心，能有餘力精進表達方式。

若是想要練習口語表達能力，建議可利用智慧型手機的錄音程式錄下並聆聽自己的聲音。這麼做不必顧慮聽者的反應與表情，失敗了也能重新來過，不會造成心理負擔。

剛開始先從誦讀自己寫的文稿做起。過程中也許會切身感受到開口表達的困難，但經過反覆練習後，會慢慢不再排斥開口說話。

先前開研討課時，曾有位參加者問我：「你說話的方式非常溫柔，聽起來很舒服，請問你原本就很擅於表達嗎？」我還記得當時聽了十分開心。

我以前也不擅言辭，即使是現在，也不認爲自己擅於表達。

然而，我累積了自行創業五年以來開辦多場小班制研討課的經驗，同時也定期發布YouTube影片，一步一步讓自己習慣開口說話（與初期發布的影片相比，感覺得出有進步）。

內向人小知識

苦於「不擅溝通」的人都有共通點，例如板著一張臉、不懂裝懂、否定對方、不把話聽完、沒反應、愛「掉書袋」……若是改善這些缺點，溝通能力便能突飛猛進！

內向人獨有的戰略④ 不必拓展人脈也能增加粉絲

「不拓展人脈的話，顧客也不會增加。」

你是不是也這麼想呢？與眾多人們交流確實可以擴展視野與工作機會。但是有不少人雖然能夠開心地一對一或與少數人交流，卻不敢面對大庭廣眾。一起交談的人數愈多，就會顧慮太多事情而讓自己筋疲力盡。例如我現在說話的時機對嗎？可以談這個話題嗎……等等。

爲了拓展人脈而特地參加眾多陌生人聚集的研討會或活動，對我們內向人來說，需要十足的勇氣。

既然因爲怕生而不敢擴大朋友圈，也不必勉強自己拓展人脈。此時倒不如採取**「不靠人脈致勝法」**。

以下為各位介紹我親身實踐的兩個「不靠人脈致勝法」。

第一個方法是**「發文強調性格特點，吸引更多對自己有共鳴及有興趣的人」**。

也就是定期在社群網路或部落格發布自己的想法或價值觀、日常生活點滴等等。感覺就像**「把自己當成宣傳自家服務與商品的廣告塔」**。

以真誠不造作的心態發布訊息，就會吸引對自己產生共鳴的人。即使從來沒見過面，但是長期在社群網路上看到某個人發布的訊息，是不是也會產生親切感、彷彿與對方早就相識呢？我們就是要讓來瀏覽網站的人有這種感受。

在發布的訊息中表明自己的事業內容與價值觀，自然容易引來志同道合的人。比起出席不知道會有哪些人來的交流場合一再展現自己，這麼做可說更有效率。

持續發布訊息也會製造機會與工作結緣。截至目前為止，我的採訪、演講、對談等工作邀約，有許多來自瀏覽過我的社群網站的人。

如果不向外界展現自己，便無法讓有需要的人發現你的存在。話雖如此，讓別人了解自己的途徑，並非只有實際面對面。請把線上世界當成主戰場，目標在於藉此增加粉絲，激起對方「想要見面」的興趣。

第二個方法是**「與有人脈的人打好關係」**。這麼做也許有算計之嫌，但是眞正意圖略有不同。

似乎有不少內向人「比起閒聊瞎扯，更喜歡談論深刻話題」。比起「廣泛膚淺」的交友關係，「狹窄深刻」更符合內向人的氣質吧。

這個方法的目的在於將內向人的特質應用在人際關係上，**與「純粹值得尊敬的交遊廣闊人士」建立深層的人際關係，並透過對方結識各式各樣的人**。

建立新的交友關係時，建議選擇與自己不同類型的人。對方若是外向的人、興趣及工作與自己截然不同的人，也許便能因此增廣見聞，甚至找到工作上的新契機。

結識交遊廣闊的人，也能加深你的個人魅力（與想要結識的人若是沒有交集，建議可經由共同的朋友介紹認識，或在對方的社群網站留下訊息）。

不必勉強自己拓展人脈，也能建立與自己不同類型的人脈，並**與純粹想要結識的人深入交往**，花時間與對方構築信賴關係。如此一來，便能借對方之力拓展人脈。

內向人小知識

克服恐懼在會議上開口的祕訣，「先想好自己的意見（可降低發言的門檻）」、「與其他出席者討論要發言的內容（可練習會議口語表達，也會減輕孤軍奮戰之感）」、「向出席者問候（可緩和尷尬氣氛）」等等。

以創造獨特的服務與商品爲目標　前輩訪談

CASE① 想要鼓舞擁有同樣煩惱的人！
（U小姐，二十多歲）

Q 為什麼想要創造自己獨特的服務與商品？

A 因為想要「活用內向人的特質做點事情」。

主要的契機是我以派遣人員的身分從事行政工作期間，對未來感到茫然不安。

儘管如此，因為我覺得自己「不適合公司組織的工作模式」，所以也不會像其他人一樣以轉正職人員為目標。就在想不出具體應該做什麼的時候，我產生了「嘗試其他途徑」的念頭，剛好發現ゆかり小姐的Instagram，不禁心想：「有人跟我一樣是內向人，還能確立適合自己的工作模式，那我應該也能做得到吧。」

Q　目前從事什麼樣的活動？

A　把寫手一職當副業，並且開始經營部落格。

目前除了正職的行政工作以外，也利用「CrowdWorks」擔任寫手當副業。在我有意踏入副業之路時，我並不清楚自己的優勢與強項是什麼，所以心裡非常不安，「如果就這樣失敗了，可能就此阻斷未來的發展而一蹶不振……。」

但是，我也覺得若是逃避挑戰，肯定又會陷入同樣的煩惱。「不做任何改變當然輕鬆，可是什麼也不做才是最大的風險吧。」

再加上聽了ゆかり小姐的體驗談，讓我了解改變人生確實需要承受某種程度的壓力。

因為我是內向人，面對風險屬於謹慎小心、三思而後行的類型，但是我覺得「不做任何改變才是最大風險」，所以才能以正面的心態運用內向人的特質，「評估風險再做決定」（笑）。

現在我除了正職與副業之外，也本著「對將來有幫助」的心態，開始在部落格宣傳自己。

Q 決定開始經營部落格的緣由是什麼？

A 思考自己能提供什麼服務時。

我有意「提供自己的獨家服務」，但是還沒決定要朝哪方面發展。所以我試著將過去的煩惱以及當下的心情省思寫成文章，想想「自己能為什麼樣的人提供什麼樣的幫助？」「哪一種服務是自己能力所及的？」

ゆかり小姐建議我：「既然要回顧省思，不如一開始就公布在社群網路。」所以我決定開始經營部落格。再加上我本來就很喜歡寫文章，所以不會排斥寫部落格。

Q 開始發文後有哪些心境變化與發現？

A 意識到自己的加分項，也找到了未來的可能性。

原本擔心回顧過往時會不會又情緒低落，但是自己反而能坦然接受。我常藉著發布文章，赫然發現自己的長處以及克服過的種種難關，切身感受到付諸實行的重要性。

雖然我還在摸索服務的內容，但是我意識到「自己能做些什麼」的可能選項正慢慢浮現。截至目前為止，我的人生充滿了挫折與阻礙。正因為如此，我非常能夠理解有些人始終得不到想要的結果，而為自己的笨拙感到自卑的心情。此外，我也遇過許多剛開始並不順遂、咬牙堅持後便能慢慢克服的難關。至於我最大的改變，就是能夠逐步認同並讚美自己。

如今我的想法是「想要幫助與自己有相同煩惱的人」。我非常期待「也許有一天自己提供的服務能對別人有幫助」。

Q 請對內向人說句話。

Ⓐ 別擔心，照自己的步調採取行動就好！

對工作模式感到煩惱的人，請先整理自己的煩惱與情緒，蒐集活用內向人優勢的工作模式相關資訊。接著尋找已實現理想的人。如果可以的話，最好能直接與對方聯繫，尋求建議後付諸實行。最重要的是即使害怕，也要付諸行動！

雖然目前還沒有具體想做的事，但是我會順隨「想要改變！」的渴望。先嘗試得以活用「深思熟慮」優勢的寫手行業，接下來再挑戰經營部落格抒發自己的所思所感。

正因為過去經歷了許多失敗與挫折，所以我是本著「不順遂是正常」的心態付諸實行。透過實際行動，我能夠了解自己的新面貌與可能性，最開心的是能學會接受身為內向人的自己。

別擔心，照自己的步調採取行動就好。請先試著踏出第一步吧。

CASE② 實現學生時代就有的愛好，開始教人打鼓（K先生，三十多歲）

Q 決定教人打鼓當副業的理由是什麼？

A 希望教學方式獲得肯定。

我是在大學時期加入爵士樂社團才開始學打鼓。社團有個慣例是由前輩指導後輩，而我非常享受教後輩打鼓的時光。後輩也曾說我的教學方式「清楚易懂」。

從此以後，因為有各方人士稱讚我的教學方式，我也不禁覺得「自己或許很擅長教學吧」。

Q 決定開始從事副業的緣由是什麼？

A 認為自己「應該可以教初學者」。

踏入社會後，我有時也會基於興趣教人打鼓，但我覺得這是「不能當成工作的技能」。再加上我住在鄉鎮地區，不免認為「鄉下地方想要學打鼓的人應該不多吧？」

我的正職工作常有機會接觸小孩子，當我利用一點空檔教他們，所有人都非常高興。從來沒接觸過打鼓的孩子，學了一陣子後也會打了，看著他們開心的模樣，我更加確信：「還是想教人打鼓啊。」我的想法也漸漸改變，「我的鼓技也許談不上職業水準，但或許可以教初學者。」

原本擔心「應該沒有人想學鼓」，自從聽到有人說：「我真的很想玩樂團，可是沒有練習的環境。」我也改變了想法。

我先建立打鼓教室的網站試試水溫，當時跟我學打鼓的後輩看了之後，說：「我家附近要是有這種教室，肯定想去啊。」頓時讓我有了信心。

Q 如何吸引顧客？

A 根據需求製作網頁，還有推出免費的體驗課。

我參考了知名音樂教室的官網，製作了自己的正式網頁。知名音樂教室的官網沒有刊登課程費用，似乎只在體驗課上走流程介紹而已，但是顧客最想知道的資訊就是課程費用。所以我清楚標示在網站上。

幾個月後，不斷湧入看到網站而來報名免費體驗課的人。現在也增加了一些正式前來學習的回頭客。

我的課程沒有固定的時間表，而是配合學生的時間來上課。因此有不少顧客在問卷調查中反應：「很高興上課時間很有彈性。」顧客不僅喜歡我的技術與教學方式，也很開心能根據情況靈活應變，這一點倒是出乎我意料之外。

Q 對哪方面感到不安？

A 顧客真的來報名的時候。

「有顧客上門，真是太幸運了！」心裡雖然高興，但真的有顧客來報名時，我卻十分惶恐：「我的教學能讓對方滿意嗎？」如今顧客對我傾盡全力的教學內容相當滿意，而我拿到應有的報酬也非常開心。

這種感覺與領到正職的薪資完全不同。

目前我每個月大約會開十堂課，當初從來沒想過會有這麼多顧客找我上課。

Q 哪方面能活用內向人的特質？

A 不需要面對面招攬顧客，還有一對一教學。

不必發傳單或找門路跑業務，而是透過網站吸引顧客，讓顧客願意回頭或者介紹給其他顧客來增加客源。本著「邀請顧客來自己的網站看看」的心態，內向人不必勉強自己做些吃力的事情也能做好工作。

一對一的教學形式也非常適合內向人。實際上有顧客對我說：「這樣比團體教學更好。」讓我切身感受到：「為了吸引同屬內向人的顧客來上課，在服務內容及宣傳重點上下功夫也很重要。」

此外，我也會主動與顧客交流資訊。我覺得是因為內向人著重內心世界，才能貼近對方的內心吧。

Q 請對內向人說句話。

A 學習活用內向人特質的工作模式與戰略。

我認為內向人自有得以活用本身特質的工作模式與戰略。一開始不妨先建立網站，介紹自己喜歡的事物與想要提供的資訊吧！本著「網站架好後請朋友來看看」的心態也不錯！

先試著踏出一小步，想要邁向下一階段時再往前一步。這種按照自己步調的工作模式，相當符合內向人的特質。

內向人經驗談
自由工作者篇

希望盡量以線上方式完成整個工作流程。

也希望盡量透過電子郵件洽談……。

開完會或簡報結束後，一定要開個人檢討會。

「我那樣說，對方能聽懂嗎？」「當時要是換個說法就好了」等等……。

不知不覺窩在家裡好幾天

所以會不知今夕是何夕。

第 7 章

內向人，準備好就開始踏出去吧！

與想太多的自己和平共處的方法

截至目前爲止，我們循序漸進爲各位解說內向人的特質，探討不適合公司組織的內向人，心目中能活用自己特質的理想工作模式究竟是什麼。

讀者閱讀至此，是不是產生了踏出第一步的勇氣呢？

最後一章將介紹內向人最常向我諮詢的一些煩惱。但願我針對這些煩惱所提供的建議，能夠鼓舞「還沒有勇氣」、「仍是感到不安」的你。

請放鬆心情，慢慢閱讀本章。

別擔心，感到不安的不是只有你而已。

我想挑戰副業，可是又害怕失敗。

貼心建議

失敗也是一種經驗值。

冷靜想像失敗的後果，再來思考因應之道。

如果可以，沒有人願意失敗。若是失敗了，不但自己遭受損失，信心也會大受打擊，感覺之前投注的時間心力全都白費。

不過，我的想法不一樣。

如果只做穩紮穩打不會失敗的事，人生不會有任何改變。

這世上不會有人從來沒嘗過失敗的滋味。即使有人看起來總是一帆風順，不過是因爲他不想讓人看到背後的辛酸歷程，或者把失敗當作奮鬥前行的原動力。

想要擺脫因爲害怕失敗而裹足不前的狀態，首要之務便是「了解害怕失敗時的心理狀態」。

爲了失敗的後果而感到不安時，你的內心正著眼於未來。將未來「可能」會發生的失敗認定爲「恐怖之物」而陷入恐慌狀態，心裡也跟著**產生命中註定就該失敗的感覺**。

人類會出於本能迴避疼痛。自然而然會選擇「不失敗的方法就是不去挑戰」。而內向人具備深思熟慮所有可能性與風險的能力，但缺點是一不留神就會「太過謹慎而選擇維持現狀」。**因為「可能會失敗」而感到不安時，請將這種狀態視為內向人以消極的心態運用「深思熟慮」的能力**。

太過擔憂而將事情往壞處想也無濟於事。最大的問題是不斷胡思亂想不知道會不會發生的事情，導致思考能力停滯。

如果只在腦袋裡空想，只會擴大心裡的不安而逐漸失控。想要切斷陷入負面循環的不安想法，建議最好將心情寫在紙上整理出來。

首先，請把目前的擔憂與不安寫在筆記本上。舉個例子，對寫手的工作感興趣卻害怕失敗而遲遲無法踏出一步時，可把自己想到的種種不安全部寫出來。「我的文章寫得不夠好，怎麼辦？」、「我搞不好接不到案子」、「萬一試了一下覺得太難，是否代表失敗」等等。光是寫出來，腦袋就會冷靜一些。

接著逐條思考擔憂的事項，「如果眞的像自己擔憂的那樣失敗了，該怎麼辦？」「要是失敗了，會嚴重到一輩子無可挽回的地步嗎？」

如果認爲文章寫不好等於失敗，也許是擔心自己無法完成而失去自信；或者擔心無法讓委託者滿意而造成對方的困擾。但是，這會讓自己陷入一輩子無可挽回的地步嗎？對方或許會要求修改文章，既然如此，便以眞誠的態度按照對方的要求修改即可。下一次撰稿必定能汲取這次經驗。

一邊寫在紙上一邊思考，應該能意識到自己小題大作了。

失敗絕不是一件壞事。只要還有機會補救，或是從失敗記取教訓，這場**失敗就能轉為「經驗值」**。

容易操心的人不妨**試著在自己能預設的範圍內，思考若是失敗的對應方法**。

例如「要是對方說我寫的文章很難懂，就問問別人怎麼樣才能把文章寫得更好。並且趁著自己還沒忘記，立刻接新的案子練習寫文章。」請像這樣思考自己能做的事，還有面對下一步的實際對應方法。

我做事情很不得要領，沒辦法兼顧工作與家事、育兒。

像我這樣無法同時做好幾件事，也能從事副業嗎？

貼心建議

無法同步多工是很正常的。

先做好單人單工。

想從副業起步改變自己的工作模式，你是不是會有疑問：「真的需要精準同步處理重要事項的能力嗎？」

我也曾經這麼想過。直到我了解自己**「實際上不可能做到同步多工」**這件事。

事實上，我們的大腦據說一次只能處理一件事情。能夠同時執行的，不外乎習慣成自然的事、能在不自覺間做到的事，還有機械化的單調作業。了解這一點後，讓我十分驚訝。

眞正能有效處理工作的人，不會半途分神去做其他事情，而是一個一個按部就班解決。

不得不同步多工的時候，也會反覆執行簡單的流程步驟，**「寫出應該處理的事項，決定優先順序後依序完成」**。

此外，煩惱與擔憂若是在腦海裡揮之不去，也會使人處在同步多工的狀態而無法集中精神做好眼前的事情。因此，有必要定期安排一段專心思考的時間，不要讓擔憂的事情一拖再拖。

我做事情也很不得要領，於是制訂了幾個屬於自己的規則應用在平時的工作中。

首先，「使用完畢後立即歸位，保持桌面整潔。」

接著是「一分鐘內能解決的事情不要拖延，現在立刻處理完畢。」電子郵件或LINE也一樣，一看到新訊息就要立即回覆（若是無法立即回覆，請保持未讀狀態，以免之後忘了回覆）。

還有「將任務或行程記在手帳裡」。因爲我覺得花功夫去記憶會影響單人單工的專注力，所以我會立刻記在手帳裡，就算忘了也無所謂，反正已經有記錄了。

法蘭西斯科．西里洛（Francesco Cirillo）所提倡的番茄工作法（譯註：Pomodoro Technique。一種時間管理法，一九八〇年代由義大利人法蘭西斯科．西里洛創立。這種方法使用定時器分割出二十五分鐘的工作時間和五分鐘的休息時間，而那些時間段稱爲「pomodoros」，爲義大利語單詞 pomodoro〔番茄〕的複數），鼓勵人們將時間劃分爲「二十五分鐘專注→五分鐘休息→二十五分鐘專注」，認爲按照這樣的步調可提高專注力與工作效率。請嘗試各種時間管理方法，**找到適合自己的行程表規劃方式，徹底落實單人單工**。

我在社群網路發文了，可是沒有任何回應。

我也發布服務內容了，可是沒有人報名……。

貼心建議

設定適當的目標，不斷加以改善。

鼓起勇氣嘗試新挑戰，卻因爲事情發展沒有想像中順利而心灰意冷。這種情況大多是只看到眼前的不順遂而導致視野狹隘。請抬起頭來，試著轉換心念。具體解決方法有三種，**「①確立最終目標」**、**「②立定解決課題的行動目標」**、**「③穩步持續執行」**。

①確立最終目標

回思初衷，自己想要如何實現活用內向人特質的工作模式？**想想自己嚮往的「最終目標（目的）」**。

想要幫助誰？想要與家人過著幸福美滿的生活？想要做自己喜歡的事？

每個人描繪的理想未來各有不同，但是都有一個共通點。那就是**「工作只不過是實現理想未來的一種手段」**。

若是將工作上有所成就當成目標，一旦結果不如預期，就會不斷苛責自己而愈來愈難受。尤其是愛鑽牛角尖的人，往往對自己特別嚴格。久而久之再也想不起來到底爲了什麼而努力，導致內心沮喪不已。

即使目前進展不順，那也不過是在漫長達標路途上所發生的一小件事情罷了。**成長與失敗是一組的。**路途中也許會遭遇挫折或停滯不前。遇到挫折時請自問自答，究竟要暫停活動呢？還是回頭退一步再來？

最重要的是有所自覺，確認自己的目的是「最終想成為什麼樣的人」。

②立定解決課題的行動目標

接下來爲各位介紹設定目標的訣竅。

目標有兩種，「結果目標」與「行動目標」。

結果目標指的是「接到兩件工作」、「賺到一萬日圓」，也就是把成果當成目標。相較之下，行動目標指的是「每天讀書一小時」、「兩天寫一次部落格」，也就是把達成結果目標的過程與手段當成目標。

因爲進展不順利而煩惱時，大多是因爲只憑結果目標而批判自己，不知道該何去何從。立定結果目標本身並不是一件壞事。但是**只侷限在結果目標而無法專注眼前，容易使熱忱減退**。

這是因爲結果目標裡含有太多憑自己的努力或方法無法掌控的不確定因素。花再多心血準備，仍要看顧客對於服務及商品是否買帳。應徵了工作，仍要看委託方是否願意發案給你。因爲無法掌控對方的決定與意圖，有時候即使努力了，也不見得有成果。

像這種情況，不妨**設定適當的行動目標**，完成發布訊息與攬客的任務。舉例來說，若是決定「改變社群網路的發布主題」，就要傾全力完成它。如果情況依舊沒有改變，就要同時思考進展不順的原因與自己能力所及的改善方案，重新設定行動目標。日後達成行動目標時，請不吝稱讚自己。反覆執行這項過程，便是達成結果目標的捷徑。

說句題外話，一般常說**「宣示目標較容易達成」**。

宣示這項舉動會在自己的大腦植入「非做不可！」的意念，並在無意識間採取行動達成目標。

感到有些不安時，不妨宣示目標。可以將目標發布在社群網路或部落格，也可以向夥伴或知交好友宣誓。如今我也會盡量把每個月的結果目標以及每天的行動目標跟人宣示。這是爲了**自行製造「一言既出，駟馬難追」的情境**。

③穩步持續執行

最後的重點，便是**穩步持續執行為了改善發文及攬客狀況而決定的「所作所為」**。每個人一開始都是菜鳥，尤其是剛起步的時候，總是達不到預期的結果。因此，首要之務是達成行動目標。

我當初開始在Instagram發布訊息時，並不會爲了追蹤者人數而患得患失。因爲明白「我才剛起步，難免進展不順。但也不要爲了不順遂而感到氣餒」。我先訂立「平時要每天發文」的行動目標，接著便是爲了達成目標而穩步執行。

此外，如果持續行動一段時間依然不見成果，有可能採取的方法是錯誤的。不妨向了解內向人特質的人尋求建議。

也許目前還沒得出想要的結果，但**你確實在往前邁進**。請好好思考能做些什麼來解決當前的問題，不厭其煩地努力改善。

我很沒自信。要是我有自信一點，就能踏出下一步了……。

自信心能自行建立！

我認爲自信可分爲「有憑有據」與「毫無根據」兩種。有的人精力充沛，可以憑著毫無根據的自信勇往直前。但是突然要求你「憑著毫無根據的自信向前衝」，也不知道該何去何從吧。

然而，如果是**「有憑有據的自信」，倒是可以自行建立**。方法就是前一項煩惱中所介紹的「行動目標」。請不吝稱讚完成小小行動目標的自己。「先前做不到，但現在能照計畫完成了」、「只要有心，我也能做得到」，想法若是有如此變化，代表已經建立起有憑有據的自信。**重點在於「降低最初的行動目標門檻」**。就算是「一天看五分鐘書」也沒關係。

相反的，最不可取的是與別人比較，「至少比他好」。這種心態永遠也無法建立起有憑有據的自信。和優勢、目標、生活環境等種種一切都與自己不同的人相比，根本毫無意義可言。若是因此養成斤斤計較的習性，眼裡便只看得到別人擁有而自己沒有的事物，導致失去自信。**如果要比較，就與過去的自己相比**。請拿一星期前的自己與現在的自己相比。即使只有短短一星期，仍是會有所進步或學到一點東西。

藉著達成行動目標**建立起有憑有據的自信後，自然懂得以正面的心態面對新挑戰：「過去都撐過來了，這次一定也能克服難關。」**

我原本很沒自信。當初以自由工作者爲目標而從事副業時，心裡十分惶恐不安，正因爲如此，我給自己訂立「制定計畫堅持下去」的行動目標。雖然也曾因爲身體不適而無法作業或者意興闌珊而偷懶，但日後還是會努力調整，彌補落後的進度。

我就在偶爾縱容自己的情況下兼顧粉領族的工作，而這類經驗的累積，也讓我逐漸改變想法：「我雖然不是充滿自信，但還是可以試試看」、「堅持下去一定可以開創一片天」。

猶如紙糊般毫無根據的自信會立刻崩解，根本沒有任何意義。不要裝作很有自信，而是**從現在開始，先從遵守與自己的約定做起，慢慢建立起有憑有據的自信**。

我始終沒有動力堅持下去。
好不容易立定行動目標，也無法長久持續。

貼心建議

問自己兩遍：「真的甘心就這樣嗎？」

我認爲「一切問題的根源在於優先順序」。本來想看書卻不了了之，原因就是有比看書更優先的事情。也許是漫不經心地上網或者打瞌睡。不管怎麼說，事實便是自己選擇先做其他事情。首先要坦然面對這一點：

「一切都是自己的選擇」。

當我覺得熱忱減退導致行動力下滑時，就會對自己說這句話。如果因爲做不到決定要做的事情而感到煩悶不安，請務必在心裡說這句話。接著再問問自己：

「眞的甘心就這樣嗎？」

想必腦海裡會不斷冒出爲自己的不作爲開脫的正當化理由。畢竟人類出於本能，比起獲得的喜悅，更難以承受失去的恐懼。所以會把展開新挑戰與試圖改變當成風險，產生想要維持現狀的心態（心理學的專有名詞稱爲「安於現狀的偏誤」〔Status Quo Bias〕）。

「因爲我今天很忙」、「因爲有必須要做的事情」、「因爲朋友找我出去」……我們確實很擅長找各種理由不去做。

這時也請別忘了自問自答。腦海裡若是一時浮現不去做的理由，請再問問自己：「眞的甘心就這樣嗎？」

就此原地踏步也不會有任何改變，這樣眞的好嗎？覺得自己保持現狀就夠了嗎？

若是仍舊激不起「再這樣下去不行」、「我不想放棄」的鬥志，表示你訂立的行動目標就目前來說並沒有那麼重要。也就是優先順序的等級較低。

反過來說，**如果產生了鬥志，認為「再這樣下去不行」，請再努力一次**。

即使決定繼續堅持下去，建議最好先了解自己的動力來源是什麼。**喜怒哀樂的情緒中，哪一種最能激發你的動力？這一點因人而異**。有的人適合對他說：

「來做點有意思的事情吧。」有的人則需要用「化悲憤爲力量」這句話來鼓舞。「前輩訪談」所介紹的幾位內向人，都是將「不安」與「危機感」化爲巨大原動力。

動力不足的時候，建議最好刻意營造能激起鬥志的情境，讓自己「非行動不可！」我的原動力是「不甘心」，所以會看著表現活躍的女性來激勵自己。

因此，不妨**事先了解自己「能激發原動力的情緒」**。

矯正內向人的「認知偏差」

早上起床，拉開窗簾一看，外面下雨了。這時候，有的人會覺得：「好憂鬱啊。」有的人則是心想：「這麼久沒下雨，下一點也不壞。」

面對同樣的情況或事件，每個人各有不同的應對方式。看待事物的觀點，會隨著過往的經歷或成長環境而改變。心理學的認知行爲療法將看法與解讀的模式稱爲「自動化思考」，就像無意識間的思考習性。

這種**自動化思考若是偏向極端的負面思維，容易使人陷入自我否定的循環中**。實際上有不少人陷入這種負面循環而不斷自我否定，例如苛責自己「我對一切都無能爲力」，或怨恨過去的自己「當初不那樣做就好了」。最後甚至對未來感到無望，認爲「反正我什麼也做不了」、「我還是改變不了什麼」。

深思熟慮與謹慎小心是內向人與生俱來的優秀才能，但有時會因為使用方式而成了枷鎖。爲避免這種情況，請試著矯正自己的認知偏差。也就是將思考力轉向正面。若是能做到這一點，就能反覆實行「PDCA循環」（規劃、執行、檢查、改善），提高自我解決的能力。

接下來列舉幾則陷入自我否定的負面思考案例。

你是不是也陷入這種思維呢？

- 一定要做到一〇〇％。

例：「我在工作上出包，我就是連工作都做不好的廢物。」

- 用一項結果決定自己的價值。

例：「求職失敗的我，沒資格成爲社會人。」

- 太過小題大作而把自己貶得一文不值。

例：「我犯了無可挽回的錯誤，我就是這麼沒用。」

- 擅自揣測對方的感受。

例：「他肯定討厭我。」

- 把不好的事情全部歸咎自己身上。

例：「是我害上司心情不好。」

● 把事情往壞的一面想。

例：「有人稱讚我，但肯定是場面話。」

● 想法悲觀。

例：「反正我就是得不到幸福。」

● 認定「應該做～」。

例：「我應該注意自己的行爲，不要造成別人的困擾。」

各位覺得如何呢？

事實上，以上所舉的案例正是**「認知偏差」**的思考模式範例。覺得難受或不安時，有可能是主觀認定把自己逼得喘不過氣來。

雖說思考的習性無法立即改變，但只要意識到「已陷入主觀認定裡」，仍有辦法從中脫離。**感到沮喪不安時，請自行確認是否符合認知偏差裡的某個範例。**

當然沒必要勉強自己將想法轉爲正面。人都有沮喪不安的時候，這一點也無妨。不過，不可以陷入負面思考的模式而一蹶不振。**請試著以冷靜客觀的角度看待事物，以及學會建設性思考為目標。**

內向人小知識

緩解外出疲勞與人際關係疲乏的祕訣，例如「為自己保留回家後一個人獨處的時間」、「不要把行程排得太滿（一天一項至兩項就好）」、「戴上耳機隔絕外界聲音」、「外出活動時盡量避開尖峰時段」等等。

擺脫負面想法的方法

「我現在發牢騷，會不會是認知偏差的關係……。」以下為各位介紹認知行為療法的方法，當內心有這種感覺時，便能利用方法擺脫主觀認定，試著以冷靜客觀的角度看待事物。請按照順序與自己對話。

「反正我什麼也做不了。」接下來便以這種主觀認定為例。

①**藉複誦自問自答**。

↓「你覺得反正自己什麼也做不了吧？」

↓（不至於到「什麼也做不了」的地步吧……。）

②**產生同理心**。

↓「我就是對自己沒信心啊。」「忍不住就會這麼想啊。」

↓（嗯，人難免會有這種想法。）

③冷靜問問自己（對自己吐槽）。

↓「有誰對自己這麼說嗎？」

↓（聽到有人這樣說，自己也忍不住那樣想……。）

④故意偏向極端。

↓「我的工作能力本來就很差，也不會做家事。今天依舊一事無成。」

↓（還不至於如此吧……。至少今天有去公司上班啊。）

⑤讓朋友出場。

↓「交情好的朋友如果說同樣的話，會有什麼反應？」

↓（「沒那回事啦。」應該會這麼鼓勵自己吧？畢竟我也有不少優點啊。）

像這樣自問自答，能讓自己試著冷靜下來，站在稍遠的距離旁觀原有的負面想法。於是，想必會覺得「我的想法或許有點極端」、「也不至於說得那樣吧」。光是如此，就能有機會擺脫自我否定的循環，就算當作被騙也好，請各位不妨試試看。

脫離負面的主觀認定後，接下來便是付諸實行。**內向人的思考力必須配合行動力，才能將這項能力發揮到極致。**

不必一下子面對重大挑戰。請以「小試身手」爲座右銘，降低行動的門檻，反覆實踐執行→檢查→改善→規劃→執行的PDCA循環。

想太多而疲累不堪的調適方法

我們內向人會在無意識間思考事情，大腦總是全力運轉。思考事情會使人頭昏腦脹容易疲累，因此最重要的是定期抒解壓力。

最後爲各位簡單介紹幾項我常用的抒壓方式。如果有值得參考的項目，請務必試試看。

書寫

可以隨心所欲地將想法或煩惱、工作上的任務等事情寫下來。這種方法稱為「筆記開示法」（Exclusive Writing），可達到抒解壓力、穩定情緒等效果。僅僅把各種思緒從腦袋裡抽取出來，心情就會輕鬆許多。

前往不同的世界

藉著閱讀小說或看連續劇，暫時遠離現實世界。沉浸在不同的世界可轉換心情，讓自己冷靜下來思考事情。尤其是煩惱得陷入僵局的時候不妨一試。

做運動

藉著活動身體營造無暇思考其他事情的情境，讓大腦得以休息。我一星期會打兩次網球，揮灑汗水不僅心情變佳，腦袋也會清醒許多。遠離智慧型手機與電腦，同樣能調適心情。

傾訴

因爲工作感到煩惱或鬱悶時，我會找家人或學習的對象談談。對別人傾訴，不但能調適心情，讓事情比想像中更順利解決，還能獲得許多意想不到的啓發。

結語

我一直很討厭自己怕生畏縮且愛鑽牛角尖的個性。

我也厭煩自己在公司組織裡顯得笨拙而不懂得八面玲瓏，因此非常羨慕無所畏懼、勇於挑戰且闖出一番成就的人。我多年來都爲自己無法立即將想法完整說出口而感到自卑，也想改善自己太過在意種種事情而疲憊不堪的窘境。

即使發現自己是內向人，我也一味苛責自己，認爲「一定要改掉內向的毛病」，想盡辦法讓自己變得外向。可是，**當我改變想法：「與其花時間精力試圖改掉內向的毛病，倒不如接受內向人的特質，也許會有所改變吧。」我意識到，生命之輪就在那一瞬間開始大幅轉動。**

「是否能發揮內向人的本色？」這一點成了我目前篩選工作的標準。我選擇

「不依賴公司組織的工作模式」，並把安靜的自家當成辦公室。不必經歷社交疲乏與通車勞累，改成以線上為主的工作機制。因為不擅長衝鋒陷陣率領一大批人，所以我的講師工作堅持採小班制。由於不擅言辭，因此透過發布在社群網路及部落格的文章傳達訊息。不喜歡擁擠人潮，所以夫妻倆決定從東京移居福岡，「住在擁有豐富大自然的地方」。

雖然覺得外向人也很不錯，但是再也不會因為低人一等而感到沮喪，也不再想要一較高下而勉強自己了。

現在我真心覺得，內向人也不差。

也許你仍然無法以正面態度面對身為內向人的自己。應該也有人心中的不安遠大於期望：「我真的能實現活用自身特質的工作模式嗎？」

請不要心急。在恍然大悟「內向人也不差」、「我應該能活用內向人特質」的這一刻來臨之前，請反覆閱讀本書，一點一點慢慢嘗試。

但願本書能成為所有內向人的護身符，以及付諸實行的原動力。

稍微試一下也好，要不要先踏出一小步呢？

不要擔心。即使失敗了，下次必定能記取教訓。人生不會爲一次小小失敗而一蹶不振。

期盼各位能實現「保留內向人特質的工作模式」。

井上ゆかり

参考文獻

《今日から使える　認知行動療法》福井至（監修）・貝谷久宣（監修）／ナツメ社
《最高の結果を出す目標達成の全技術》三谷淳／日本実業出版社
《SINGLE TASK 一點集中術——「シングルタスクの原則」ですべての成果が最大になる》デボラ・ザック／ダイヤモンド社
《ストレスを操るメンタル強化術》メンタリストDaiGo／KADOKAWA
《ドラッカー理論で成功する「ひとり起業」の強化書》天田幸宏（著）・藤屋伸二（監修）／日本実業出版社
《内向型人間のための人生戦略大全》シルビア・レーケン／CCCメディアハウス

《内向的な人こそ強い人》ローリー・ヘルゴー／新潮社

《内向的な人のためのスタンフォード流ピンポイント人脈術》竹下隆一郎／ディスカヴァー・トゥエンティワン

《内向型を強みにする》マーティ・O・レイニー／パンローリング

《何があっても「大丈夫」と思えるようになる自己肯定感の教科書》中島輝／SBクリエイティブ

《「わかってはいるけど動けない」人のための　0秒で動け》伊藤羊一／SBクリエイティ

實現「活用內向人特質的工作模式」參考網站

技能分享與媒合相關網站

●CrowdWorks（クラウドワークス）……https://jp.crowdworks/
媒合想委託工作的企業或人（客戶）以及想接案工作者的網站。刊登兩百種以上的工作案件，包括系統或應用程式開發、商標製作、撰稿等等。從案件委託至商品交付全在線上解決。

●coconala（ココナラ）……https://coconala.com/
可輕鬆交易知識、技能、經驗等個人「長處」的技能市場。從戀愛諮詢到命相占卜、宣傳語或製作商標及插圖等五花八門的項目均可交易。

●Street Academy（ストアカ）……https://www.street-academy.com/
商務技能、手作技巧、運動技術、ＩＴ技能等……是媒合「傳授」與「學習」

的技能服務網站。僅提供面對面服務。刊登訊息基本上需要實名登錄以及附上大頭照。

●Time Ticket（タイムチケット）……https://www.timeticket.jp/
能以三十分鐘爲單位交易「個人時間」的媒合網站。「我能傳授〇〇技能」、「我會占卜」、「我能帶路」、「我可以陪你吃午餐」等等，由供應者提供各式各樣不同的服務內容及費用。也能選擇面對面、線上、電話等交易形式。

●Timee（タイミー）……https://timee.co.jp/
零碎時間打工應用程式，可媒合想利用空檔工作的人，以及希望立即找到人手的店鋪與企業。不需要申請或註冊，只要條件符合，便能在方便的場所、時間，挑選喜歡的職種去工作。

●自由寫手的基地（フリーライターのよりどころ）……https://yoridokoro.biz/recruit/
寫手行業的專屬媒合網站。只要有電腦、網路及熱忱，馬上就能開始。不僅有許多適合無經驗者的案件，也有的案件能活用過往的就職經歷、個人特色與愛好等等。

●LANCERS（ランサーズ）……https://www.lancers.jp/

與「CrowdWorks」一樣，都是媒合客戶與想接案工作者的網站。網路上也有當天下單的案件，平時發布在網站上的案件多達兩百萬件以上。

手工藝品販售相關網站

●Creema（クリーマ）……https://www.creema.jp/

可輕鬆銷售及購買手工藝品、手作飾品、藝品雜貨等的購物網站。使用者人數一個月超過三百萬名，也可銷售副食品。

●minne（ミンネ）……https://minne.com/

可輕鬆銷售及購買手工藝品、手作飾品、藝品雜貨等的購物網站。在網站上銷售的作品多達一千萬件以上，也可銷售副食品。交易時的金錢往來是由minne居中扮演第三方支付的角色，使用上較安心。

●Mercari（メルカリ）……https://jp.mercari.com/

可利用智慧型手機的相機拍下商品立刻發布在網站上，任何人都能輕鬆買賣的二手商品交易應用程式。購買時可透過信用卡、取貨付款、便利商店、銀行ATM等管道支付，等商品到貨後才會將款項匯給賣方。

社群媒體相關網站

●Ameba Blog（アメーバブログ）……https://ameblo.jp/

●Instagram……https://www.instagram.com/

●Twitter……https://twitter.com/

●note（ノート）……https://play.google.com/store/apps/details?id=mu.note&hl=ja

可發布文章、照片、插圖、音樂、影片等內容的應用程式。除了能當部落格或社群網路使用之外，也能販售發布的內容。

●Hatena Blog（はてなブログ）……https://hatenablog.com/

●YouTube……https://www.youtube.com/

自由工作者相關支援網站

●自由工作者協會（一般社團法人專業人士&平行工作業者・自由工作者協會）

……https://www.freelance-jp.org/

該協會除了針對自僱人士或一人老闆、從事副業及複業的人才提供福利措施、保險、所得補貼制度之外，也會爲自由工作者舉辦相關的支援或啓發活動。

VW00036

宅創業
もう内向型は組織で働かなくてもいい

作　者—井上ゆかり（YUKARI INOUE）
譯　者—莊雅琇
主　編—林潔欣
企　劃—王綾翊
美術設計—bbc 設計工作室
排　版—游淑萍

第五編輯部總監—梁芳春
董事長—趙政岷
出版者—時報文化出版企業股份有限公司
一〇八〇一九臺北市和平西路三段二四〇號三樓
發行專線—（〇二）二三〇六—六八四二
讀者服務專線—〇八〇〇—二三一—七〇五
（〇二）二三〇四—七一〇三
讀者服務傳眞—（〇二）二三〇四—六八五八
郵撥—一九三四四七二四時報文化出版公司
信箱—一〇八九九臺北華江橋郵局第九九信箱

時報悅讀網—http://www.readingtimes.com.tw
法律顧問—理律法律事務所　陳長文律師、李念祖律師
印　刷—勁達印刷股份有限公司
一版一刷—二〇二一年十二月三日
定　價—新臺幣三五〇元
（缺頁或破損的書，請寄回更換）

時報文化出版公司成立於一九七五年，
並於一九九九年股票上櫃公開發行，於二〇〇八年脫離中時集團非屬旺中，
以「尊重智慧與創意的文化事業」爲信念。

宅創業／井上ゆかり著；莊雅琇譯 . -- 一版 . -- 臺北市：時報文化出版企業股份有限公司 , 2021.12
面；公分 . -
譯自：もう内向型は組織で働かなくてもいい
ISBN　9789571396712（平裝）

494.35　　110018668

ISBN 9789571396712
Printed in Taiwan